砖石古塔结构性能增强控制方法

刘 伟 著

中国建筑工业出版社

图书在版编目（CIP）数据

砖石古塔结构性能增强控制方法/刘伟著. —北京：中国建筑工业出版社，2023.10
ISBN 978-7-112-29242-4

Ⅰ.①砖… Ⅱ.①刘… Ⅲ.①古塔-砖石结构-结构性能-研究 Ⅳ.①TU352.1

中国国家版本馆 CIP 数据核字（2023）第 186325 号

砖石古塔是一种历史宗教建筑，也是我国古代“高层建筑”的典范。它向世人展现了古代建筑材料、建造技术等方面的历史信息，而且也是时代历史、文化、艺术、宗教、社会和经济等各方面的缩影。我国现存砖石古塔建造年代久远，自然灾害和人为破坏比较严重，抗灾变能力较差，亟需对其进行结构整体保护。然而，由于砖石古塔结构保护的特殊性，对其保护理论、技术等方面的研究还很不完善，需要进行更为深入研究。本书基于对古灰浆和性能增强材料的相关试验研究，以小雁塔为研究对象，研究了砖石古塔无损性能增强技术。本书主要内容共7章，包括：绪论、性能增强古灰浆及砌体力学性能试验、无损性能增强墙体抗震性能试验、小雁塔现场调查与抗震性能评估、无损性能增强古塔振动台试验研究、无损性能增强古塔结构地震反应有限元分析、结论与展望。

本书的研究结果不仅为小雁塔结构地震保护提供了一种新方法，而且也适用于其他砖石古塔结构性能增强保护，具有较好的工程应用前景。

责任编辑：王华月
责任校对：赵　力

砖石古塔结构性能增强控制方法
刘　伟　著
*
中国建筑工业出版社出版、发行（北京海淀三里河路 9 号）
各地新华书店、建筑书店经销
霸州市顺浩图文科技发展有限公司制版
建工社（河北）印刷有限公司印刷
*
开本：787 毫米×1092 毫米　1/16　印张：8　字数：197 千字
2024 年 9 月第一版　2024 年 9 月第一次印刷
定价：**58.00** 元
ISBN 978-7-112-29242-4
（41942）

前　言

砖石古塔是一种历史宗教建筑，也是我国古代“高层建筑”的典范。它向世人展现了古代建筑材料、建造技术等方面的历史信息，而且也是时代历史、文化、艺术、宗教、社会和经济等各方面的缩影。我国现存砖石古塔建造年代久远，自然灾害和人为破坏比较严重，抗灾变能力较差，亟需对其进行结构整体保护。然而，由于砖石古塔结构保护的特殊性，对其保护理论、技术等方面的研究还很不完善，需要进行更为深入研究。本书基于对古灰浆和性能增强材料的相关试验研究，以小雁塔为研究对象，研究了砖石古塔无损性能增强技术，主要工作如下：

（1）参考历史文献材料和制作工艺，选取古糯米灰浆、古麻刀灰浆和古混合灰浆为基材，改性环氧树脂、甲基丙烯酸甲酯和甲基硅酸钠为性能增强材料，通过相似性模拟分析与正交试验设计，模拟制作了24组共108块古糯米灰浆、古麻刀灰浆、古混合灰浆的立方体试块和棱柱体试块，其中基材立方体试块各3块（共9块）、棱柱体试块各6块（共18块），将各基材试块分别浸入改性环氧树脂、甲基丙烯酸甲酯或甲基硅酸钠性能增强材料的立方体试块各3块（共27块）、棱柱体试块各6块（共54块），并进行了相应的力学性能试验和分析。结果表明，三种基材古灰浆的立方体抗压强度、棱柱体峰值应力均较低，浸入改性环氧树脂、甲基丙烯酸甲酯和甲基硅酸钠性能增强材料后，性能增强古灰浆立方体抗压强度和棱柱体峰值应力、峰值应变、极限应变、弹性模量等均有明显改善，其中立方体抗压强度提高了18.8%～60.0%，棱柱体峰值应力提高了17.5%～40.7%，并且浸入改性环氧树脂和甲基丙烯酸甲酯提高的较为明显。

（2）基于对古灰浆和性能增强古灰浆的试验和分析，选取古青砖和古糯米灰浆为基材，制作了9组共54件模拟古砌体轴心受压试件和9组共81件受剪试件。选用改性环氧树脂和甲基丙烯酸甲酯为性能增强材料，在已制作好的试件中取6组共36件古砌体轴心受压试件和6组共54件古砌体受剪试件，采用“浸渗法”对基材试件进行无损性能增强，并进行了相应的对比性能试验，研究了采用“浸渗法”浸入性能增强材料对古砌体基材无损性能增强的可行性。结果表明，上述两种性能增强材料均可明显提高古砌体基材的受压强度和受剪强度，提高值为6.0%～40.5%，同时拟合了古砌体基材、浸入改性环氧树脂或甲基丙烯酸甲酯砌体的应力-应变曲线，建立了相应的本构模型。此外，试验后对“浸渗法”无损修复砌体试件灰浆检查表明，无损修复性能增强材料可以充分浸入已固结的古灰浆中，浸入效果良好。

（3）采用古青砖和古糯米灰浆为基材，改性环氧树脂和甲基丙烯酸甲酯为性能增强材料，模拟制作了8片厚度分别为240mm、370mm、490mm的古砌体墙体试件，其中对3片不同厚度（240mm、370mm、490mm）的墙体浸入改性环氧树脂，对2片不同厚度（240mm、490mm）的墙体浸入甲基丙烯酸甲酯，进行了古砌体墙体试件和性能增强墙体试件的低周反复拟静力试验，研究了古砌体墙体和性能增强古砌体墙体在地震作用下的破坏机理，分析了试件的开裂荷载、破坏荷载、恢复力特性和耗能性能，建立了相应的恢复力模型，确定了试件的等效阻尼比。结果表明：对于三种不同厚度的墙体试件，性能增强墙体试件比古砌体墙体试件的开裂荷载、破坏荷载、耗能能力等均有不同程度的提高，变形能力得到了比较明显的改善，抗侧移刚度也有一定程度的提高，说明浸入改性环氧树脂或甲基丙烯酸甲酯能够明显提高古砌体墙体的抗震性能，可用于砖石古塔结构的无损性能增强和抗震保护。此外，试验结果还表明，浸入改性环氧树脂增强墙体试件性能优于甲基丙烯酸甲酯。

(4) 综合考虑小雁塔的文物价值和保护意义，详细查阅了小雁塔的历史修缮档案，现场对小雁塔结构的现状进行了全面分析，研究了小雁塔结构的材料组成、历史修复的结构特点以及损伤情况等；同时对小雁塔结构进行了现场动力特性测试，分析了其主要动力特性和动力灾变特点，采用有限元分析方法对小雁塔的动力特性及不同强度等级地震下的动力响应进行分析，并利用极限位移与极限承载力联合的方法来对小雁塔的抗震性能进行评估。

(5) 根据模型结构设计的相似性理论，设计制作了一个几何相似比为 1/10 的小雁塔模型结构，采用“浸渗法”对模型结构浸入改性环氧树脂并进行局部结构修复，对基材模型和无损性能增强模型进行了 26 种工况下模拟地震振动台试验，研究了基材模型和无损性能增强模型在地震作用下塔体不同部位的相对加速度、位移响应等，探讨了塔体模型结构地震响应的主要特点及变化规律。结果表明，性能增强模型结构在地震下的塔身各点位移响应有了明显的降低，特别是塔身中部、顶部位移响应降低较多，一般可达 20%左右。同样工况和 8 度大震下，性能增强模型结构几乎无裂缝，而原模型结构在 8 度小震时已经开裂。

(6) 以小雁塔原型结构资料为基础，采用 ANSYS 有限元软件建立了小雁塔原型结构的仿真计算模型，进行了多工况下的小雁塔原型结构计算，分析了基材结构和采用“浸渗法”分别浸入改性环氧树脂、甲基丙烯酸甲酯材料性能增强小雁塔结构在 8 度大震下的抗震性能，讨论了小雁塔原型结构的无损性能增强效果。结果表明，浸入改性环氧树脂对小雁塔原型结构性能增强幅度较大，在 8 度大震下位移响应降低可达 30%左右，同时结构各层层间位移角也相应减小，降低了地震作用下小雁塔塔身出现严重损坏或倒塌的可能性。本书的研究结果不仅为小雁塔结构地震保护提供了一种新方法，而且也适用于其他砖石古塔结构性能增强保护，具有较好的工程应用前景。

目　　录

第 1 章　绪论 ······ 1

1.1　古塔的起源与发展 ······ 1

1.1.1　我国古塔的起源 ······ 1

1.1.2　古塔在国外及我国的发展 ······ 1

1.1.3　古塔在国内外研究现状 ······ 4

1.1.4　古塔无损修复及抗震保护研究的意义 ······ 5

1.2　砖石古塔结构形式及保护研究现状 ······ 5

1.2.1　砖石古塔结构形式 ······ 5

1.2.2　砖石古塔结构保护研究现状 ······ 6

1.3　本书的主要研究内容及方法 ······ 8

第 2 章　性能增强古灰浆及砌体力学性能试验 ······ 10

2.1　传统古灰浆和性能增强材料研究 ······ 10

2.1.1　传统古灰浆 ······ 10

2.1.2　性能增强材料 ······ 12

2.2　古灰浆及性能增强古灰浆力学性能试验 ······ 14

2.2.1　试块的制作 ······ 14

2.2.2　立方体抗压强度试验 ······ 17

2.2.3　棱柱体单轴抗压试验 ······ 23

2.3　无损性能增强古砌体基本力学性能试验研究 ······ 30

2.3.1　试验材料的选取 ······ 30

2.3.2　古砌体试件抗压强度试验 ······ 31

2.3.3　古砌体试件抗剪强度试验 ······ 36

2.3.4　古砌体单轴受压本构关系 ······ 39

2.4　本章小结 ······ 41

第 3 章　无损性能增强墙体抗震性能试验 ······ 42

3.1　引言 ······ 42

3.2　试验方案及试件的制作 ······ 42

3.2.1　试验材料的选取 ······ 42

3.2.2　试验方案及试件的制作 ······ 43

3.3　墙体试件试验及结果分析 ······ 47

3.3.1　墙体试件试验 ······ 47

3.3.2　试验结果分析 ······ 55

3.4　本章小结 ······ 59

第 4 章　小雁塔现场调查与抗震性能评估 …… 60
4.1　引言 …… 60
4.2　小雁塔的现场调查 …… 60
4.2.1　抗震性能现场调查目的和内容 …… 60
4.2.2　小雁塔结构特征 …… 61
4.2.3　小雁塔结构修整说明 …… 62
4.2.4　小雁塔的残损情况 …… 62
4.2.5　小雁塔砌体材料及砂浆的强度 …… 64
4.3　小雁塔的动力特性 …… 67
4.3.1　测试仪器设备 …… 67
4.3.2　测点布置 …… 68
4.3.3　测试结果 …… 68
4.4　小雁塔抗震性能评估 …… 69
4.4.1　小雁塔抗震性能预判 …… 69
4.4.2　小雁塔抗震性能评估方法和评判建议 …… 71
4.4.3　小雁塔有限元分析模型建立 …… 72
4.4.4　有限元分析计算结果 …… 72
4.4.5　评估小雁塔抗震性能 …… 75
4.5　本章小结 …… 76
第 5 章　无损性能增强古塔振动台试验研究 …… 77
5.1　引言 …… 77
5.2　小雁塔振动台试验模型设计与制作 …… 77
5.2.1　模型设计相似理论 …… 77
5.2.2　小雁塔模型的设计与制作 …… 79
5.2.3　试验仪器设备及测点布置方案 …… 82
5.2.4　地震波的选取与试验工况组合 …… 84
5.3　振动台试验现象 …… 86
5.4　试验结果与分析 …… 87
5.4.1　模型结构动力特性分析 …… 87
5.4.2　模型结构动力特性分析 …… 90
5.4.3　模型结构位移响应分析 …… 98
5.5　本章小结 …… 103
第 6 章　无损性能增强古塔结构地震反应有限元分析 …… 104
6.1　引言 …… 104
6.2　有限元模型的建立 …… 104
6.2.1　单元选取 …… 104
6.2.2　材料参数 …… 105
6.2.3　破坏准则 …… 105
6.2.4　网格划分与边界条件 …… 106

6.3 有限元结果与对比 …… 106
6.3.1 小雁塔模型结构数值分析与试验对比 …… 106
6.3.2 小雁塔原型结构数值分析 …… 107
6.3.3 砖石古塔结构性能增强方法建议 …… 112
6.4 本章小结 …… 112
第7章 结论与展望 …… 113
7.1 主要工作与结论 …… 113
7.2 不足与展望 …… 114
参考文献 …… 115

第1章 绪　　论

1.1 古塔的起源与发展

1.1.1 我国古塔的起源

我国是一个具有悠久历史的文明古国，传统文化源远流长，与此同时，受到外来文化的影响，在接受外来文化上保持着“取其精华，去其糟粕”的传统思想，不断地接受和借鉴有益的外来文化。佛教是东汉末年从印度传入我国，由于其教义能够逐步同我国传统伦理和宗教观念相结合，从而渐渐为广大民众所接受，并很快地在全国范围内普及开来。

佛教建筑中主要包括佛寺、佛塔和石窟等，佛塔是佛教建筑中重要组成部分之一，所以当佛教传入我国时，塔作为佛教文化的一部分也随之传入中国。据文献记载，佛教是西汉末年开始传入我国。东汉永平十年（公元67年），西域僧人迦叶摩腾和竺法兰二人带着佛经佛像来到洛阳，正式传播佛教。当时政府为两人修建了一所寺院作为居住和传教之用。传说二人是用白马驮经而来的，因而该寺被命名为白马寺，现在洛阳的白马寺就是那时创建的。我国佛教建筑受到印度影响，以“塔庙里”为主，即以佛塔为中心，周围建以殿堂、僧舍等房间。佛塔又称为宝塔、浮屠、方坟、圆冢，最早用做供奉和安置舍利、经卷、各种法物等，许多佛塔会刻有建塔碑记、圣像、佛经等。

佛塔是古代高层建筑的代表，其用料之精良、结构之巧妙、技艺之高超、类型之丰富，远远超出了历代文人墨客的记载。佛塔的分类方式有按层级分（如三重塔、五重塔、七重塔、九重塔等）、按形状分（方塔、圆塔、六角形塔、八角形塔等）、按所纳藏之物分（如舍利塔、发塔、爪塔、牙塔、衣塔、钵塔等）、按建筑材料分（如砖塔、石塔、玉塔、沙塔、泥塔、土塔等）、按性质意义分（如祈福塔、报恩塔、法身塔、寿塔等）、按塔排列位置之样态分（如孤立式塔、对立式塔、排立式塔、方立式塔等）、按样式分（如覆钵式塔、龛塔、柱塔、雁塔等）。我国现存有上万座佛塔，如河北定州的料敌塔、内蒙古巴林右旗的辽庆州白塔、山东兖州兴隆塔等。

1.1.2 古塔在国外及我国的发展

塔来源于佛教，佛教诞生于印度，古塔这种建筑也是从印度随着佛教而传遍世界的。塔是用来保存或埋葬佛教创始人释迦牟尼的“舍利”而建的构筑物。相传释迦牟尼的舍利被当时八个国王分别取去建塔供奉，之后，佛教信徒们在各处都相继寻找或者建塔供奉或者做纪念。起初，为了纪念释迦牟尼一生中的重大转折处，建了八座塔，这已经属于纪念性的了。到了公元前3世纪中叶，印度摩揭陀国孔雀王朝的国王阿育王时期，塔的建造达到了空前的高潮。阿育王立佛教为国教，下令建造了佛教史上盛称的“阿育王八万四千宝塔”。

在印度有一种石窟及僧院，在石窟的中央设方形或长方形的讲堂，在石窟的中堂后壁刻小型佛塔，并造小室以为说法。建筑形式是以亭台为基础创建的。即在亭台之上，安设塔刹，在塔内安放佛像，作为礼佛念经之用。现存山东济南的神通寺四门塔，就是这种亭台式塔的最早实物。古塔下部有一个特有的部分就是地宫，它是结合了我国古代墓葬中的墓穴和帝王地下宫殿而创造的。因为塔本身是坟冢，这样的结合正相适应。塔下地宫内埋藏的舍利也常采用金、银、石等材料的棺来盛放，不少的塔就是僧人的坟冢。

佛塔在日本、韩国、泰国、尼泊尔、缅甸、老挝等亚洲国家都随着各国文化的不同有着不同的发展，各国的塔从外观及结构形式上也有各自的特点。从图 1-1～图 1-3，可以看出泰国古塔较窣屠婆有很大变化，已经形成了泰国特有的风格，而尼泊尔及缅甸古塔则相对改变较小，仍保留着印度早期佛塔的雏形。

图 1-1　泰国佛塔

图 1-2　尼泊尔博拿佛塔

古塔建筑在西方也有一定的发展，其形式与亚洲的塔有天壤之别。西方塔的典型代表就是意大利的比萨斜塔，如图 1-4 所示。比萨斜塔是意大利中部西海岸比萨城内一组古罗马建筑的组成部分，属比萨大教堂的钟楼。塔顶因地基沉陷而偏离垂直中心线 5.2m，长时期斜而不倾，被认为是世界建筑史上的奇迹和不朽之作。

图 1-3　缅甸大金塔

图 1-4　比萨斜塔

中国古塔自传入之始，就与中国文化相融合，并借用了中国传统建筑形式，逐渐形成了一种新的建筑类型。从时间上看，其经历了三国、两晋、北魏、北齐、唐、宋、五代、辽、金、元、明、清各个历史时期。初建之塔大多为四方形，隋唐以后建塔，由四方形改变为六角形、八角形，增强了塔的抗震性能。这是由于建筑物的锐角部分地震时应力集中，易于震坏，而钝角或圆形受力则较为均匀，不易震坏。由四方形变为八角形是一种由方趋圆的过程，这对缓和塔体折角处内力的剧增，改善地基与基础受力状态都有好处，同时还具有减轻风荷载的特殊作用。用材方面也以砖石、铜、铁、金等取代了木材，造型有楼阁式、密檐式、亭阁式、覆钵式和花塔等，后来我国还创建了金刚宝座塔、过街塔和塔门等，代表性的古塔见图 1-5～图 1-10。

图 1-5　西安市大雁塔

图 1-6　呼和浩特市白塔

图 1-7　张掖市木塔

图 1-8　河南省登封市净藏禅师塔

图 1-9　西安市长安区香积寺塔

图 1-10　河北省赵县柏林寺塔

随着历史的变迁和社会的发展，古塔已成为我国最具代表性的古建筑之一，它不仅融合了外来文化与中华传统建筑艺术的精华，同时也具有明显的民族造型特点，是先辈们留给子孙的“不可多得、失而不复”的宝贵人文资源，也是各地风景名胜区域和历史文化名城的重要组成部分，故在民间素有“宝塔”的美誉。纵观几千年的古代建筑技术史，我国古塔可以称得上是代表了中国古建筑的最高科学和技术成就，同时也记录了当时的历史、材料、技术和工艺等，是古代劳动人民智慧的结晶，也是全世界人类宝贵的历史文化遗产。因此，我国古塔对于研究我国古代建筑技术的发展具有极其重要的意义，而且对于研究我国古老的历史、文化、艺术、宗教、政治、外交、社会和经济等均具有不可替代的价值。

1.1.3　古塔在国内外研究现状

我国独有的中华文明与民族风格使得古塔从结构形式、材料及建造技术等方面都充满了独特的东方特色。由于文化的融合，周边国家乃至西方也深受中华文明的影响，古塔的结构形式、建筑用材等与我国相似或相同，国内外古塔研究学者的研究也多以我国古塔为基础进行更加深入的研究。如日本的伊东忠太和关野，英国的叶慈，德国的艾克和鲍希曼，挪威的尼尔森等。其中伊东忠太是国外学者中对中国古建筑研究较为深入的学者之一，曾先后多次到我国考察，足迹遍及全国，著有《中国建筑史》等著作。

朱启钤先生等一批爱国人士是我国古建筑研究保护的发起者，他们成立了著名的中国营造学社，收集整理了宋《营造法式》、明《园冶》和清《一家言·居室器玩部》等典籍。梁思成编撰了《清式营造则例》，同时，他和刘敦桢先生对我国遗存的古建筑做了大量的现场测绘和调查鉴别工作，将宋《营造法式》与清《工部做法则例》互相比较，并以图解注释的形式对大量的古建筑做出分析解释，为今天的继承和研究保存留下了珍贵的资料。新中国成立以后，大量的古建筑巨著被编纂出版，如由中国科学院自然科学研究所主编的古建筑巨著《中国古代建筑技术史》，梁思成先生对《营造法式》多年的研究成果——《营造法式注释·卷上》，刘致平的《中国古建筑类型及结构》，陈明达的《营造法式大木作》等。

近年来，我国在古塔保护研究领域也有不少研究成果，白晨曦从中国的传统哲学对古建筑的形成和发展等方面的影响来研究古建筑的文化特征；张墨青以巴蜀古塔为研究对象，以中国古塔的发展历史进程为背景，研究了巴蜀古塔历史文化、构造形式、建造技术和特征等方面，引发人们对这些珍贵的建筑遗产更多的关注和保护；戴孝军从我国传统审美的角度对中国古塔进行了全面研究，以此来揭示中国古塔本身的建筑构造之美。

国内外许多专家学者对古塔结构的研究与保护大多集中在建筑文化、建筑历史、建筑构造与建筑艺术等方面。在古塔结构研究中，以抢救性结构保护研究方向较多，总体来说是“头痛医头，脚痛医脚”，对古塔结构整体和局部抗震机理与保护理论研究比较少，特别是材料、技术和历史等原因，目前还缺乏比较系统完整的理论分析和试验研究，新型材料和高新技术的应用也很少。对于砖石结构而言，其自重和长细比相对较大，重心较高，对地基条件较为敏感，因而有不同程度的倾斜或缺陷。同时，历经长时间的风吹雨打以及人为损伤，结构主材不同程度地存在一定的缺陷，例如砖石砌块开裂、风化，胶凝材料风化疏松等，最终导致其受压承载力及抗震承载力不断降低，甚至于静力荷载作用下自然垮塌，造成无法弥补的经济损失和社会影响。因此有必要开展对我国古塔灾变机理和保护理论以及工程应用方法的研究，以确保我国古塔能够传之永远。

1.1.4 古塔无损修复及抗震保护研究的意义

我国非常重视古建筑遗迹的保护和修复工作，新中国成立后，在古迹文物保护修复领域也取得了令人瞩目的成就，但仍然缺乏系统的保护理论体系和行之有效的保护技术。我国幅员辽阔，建造古塔结构使用的材料和结构形式各不相同，古代各地工匠的施工技艺也参差不齐，同时经历长期的历史变革，各古塔结构的承载能力显著下降，难以承受或再次承受地震、强风雨等自然灾害的袭击，从而使古塔结构的保护研究工作愈发困难。另外，古塔建筑的保护研究是一个涉及多学科、综合性强的交叉学科研究的课题。目前，我国对现存古塔结构的抗震性能和保护技术研究较少，同时缺少科学有效的损伤识别方法，所以各地的古塔保护工作也存在着参差不齐的混乱局面。要想在保留古塔建筑历史文物研究价值的同时，提高古塔结构的抗灾变能力，应在损伤监控识别技术方面有所突破，同时，还必须掌握其抗震保护的机理以及地震作用下的破坏过程。

古塔建筑造型优美，结构形式独特，建造材料多样，具有丰富的历史文化价值和艺术美学意义，是文物学、考古学和建筑历史等学科研究工作者重点研究的内容。然而，古塔建筑建造的年代久远，长期遭受自然灾害和历史战乱破坏，饱经沧桑，大部分古塔结构都已年久失修，破坏非常严重，有的甚至濒临倒塌。因此，古塔结构的无损修复及抗震保护也成为世界各国结构工程学科日益关注的研究课题之一。古塔建筑的保护工作不仅要保证其不因自然和人为因素遭到破坏，延续其生命力，更重要的是要最大限度地保留其蕴含的历史信息和文化价值，使其能够彰显中华民族灿烂的文明。因此，在古塔保护中要以“原真性、可识别性”“保护不是新建”“安全为主”“最小干预”等为基本原则，从古塔结构的历史文化价值、所处的环境、现存结构特点以及其材料性能等方面出发。开展我国现存古塔结构的静/动力灾变机理和保护理论研究，抢救性地保护一批濒临倒塌的古塔，使古塔建筑能够在世界建筑史上流芳百世，是防灾减灾工程及防护工程专业技术人员的历史使命。

1.2 砖石古塔结构形式及保护研究现状

1.2.1 砖石古塔结构形式

我国砖石古塔结构形式多种多样，其结构按内部构造的不同分为以下几种主要形式：

（1）实心结构：实心式结构虽然由砖砌筑，但大多外部仿照木结构方式，故有“虽由砖做，宛如木构”之说。将砖雕琢与磨细加工，使之构造、式样等与木构件相仿。实心结构塔的内部采用全部砌砖或填充夯土，从古塔外侧砖石墙身可以观察到，其组砌顺序无规律性，部分砌块大小不一，灰缝较大。

（2）空筒式结构：所谓空筒式结构，是一种象征性的叫法，是由砖石壁的形象概念引申出来的，其结构方式是外壁砖砌，各层采用的木楼板、木楼梯。后期使用过程中，塔内木料受年久腐朽失修、人为损坏或火灾等的影响，导致木质结构不复存在，塔身即成为高耸空筒结构。

（3）壁内折上式结构：其主要特征是以塔的塔壁、楼层、塔梯三部分结合成为一体，这种做法可以节约塔梯所占空间，使塔内空间增加，内部更加宽敞。该结构塔梯设置于塔壁之中，按塔的边角方向平行折上，例如平面方形的即采用方形折上，对于多边形塔以此类推。与空筒式结构比较，筒体增加了横向约束，结构的整体性得到了加强。

（4）壁边折上式结构：此种类型塔梯沿塔的内壁壁边曲折而上，塔体内部仍为空筒式，各楼层与外壁连接在一起，并在内壁壁边设置塔梯。施工时塔梯与塔壁同步施工，塔梯与外壁连为一体，较为牢固。

（5）穿壁式结构与穿心绕平座式结构：由于砖塔外围都有一个厚壁，在设计造塔时采取穿壁结构，塔梯在厚壁中穿入上下第一层做塔室，不设塔梯，不存在穿壁问题。但从第二层开始，则利用外壁做塔梯，穿上穿下，每一层均在门窗处调转方向，这就是穿壁式结构。

（6）错角式结构：该结构是按层边角相错，这在空筒式结构的塔中常见，它是在塔内各楼层做方形空井，逐层边角相错，从底层可以一直望到顶层。

（7）回廊式结构：回廊式结构系指内廊而言。按平面形式分别有三种：第一种为中柱回廊式，塔梯在廊内；第二种为中柱回廊式，塔梯穿柱中这样的塔面积与上述相仿，塔梯利用中柱的中心部位前后穿通；第三种为塔内回廊式，塔梯分三类处理方式，分别为塔室设梯子、梯子在回廊、梯子在塔的外壁内。

（8）穿心式结构：穿心式指塔的内部结构而言，其特征是一进塔门即是塔梯，塔梯通过塔中心部位，斜着向上穿进，到上一层再调转方向穿进，层层如此或者仅在下部二至三层采用此种方式，各层塔梯中没有转折。凡属不做塔室的塔层，才做穿心式结构。

（9）扶壁攀登式结构：在塔中自底至顶扶壁攀登，还有一种是在塔中做壁内折上与扶壁攀登的方式，可将其总称为扶壁攀登式结构。

（10）螺旋式结构：建塔时在内部即保留一种螺旋式样，自第一层至顶端层层按圆形折上。螺旋式的特点，没有生硬的折角，顺其自然，登塔时有舒适之感。

（11）混合式结构：塔的内部结构采用两种或两种以上上述结构方式进行修建。有的塔将壁内折上式与穿心式合用，有的则运用穿心式、壁内折上式、回廊式构成内部结构等。

我国的古塔体型从小到大，取材上从木质主材到砖石主材，形状上从方形到圆形再到六角形、八角形。类型各异，形式多样，无一不体现出大国工匠之高超水平，展示着中华民族传统文化中的建筑艺术，也为世界范围内古塔的发展传承做出了贡献。

1.2.2 砖石古塔结构保护研究现状

由于砖石古塔结构自身特点，砖石古塔结构的损害除了人为因素外，地震、倾斜、自然风化、日照等因素也会导致砖石古塔结构的损害。其中塔体结构材料的损伤、地震作用等已成为影响古塔结构安全的重要因素。古塔起着传承和延续历史的作用，正因为其重要性，故对古塔结构的保护也成为土木工程领域中重要的研究方向，国内外有关砖石古塔结构的相关研究进展简述如下：

(1) 塔体结构材料的损伤保护

砖石古塔结构的主材是由砖石砌块及灰浆材料砌筑而成，古塔结构长期受到自然风化、日照、生物侵蚀、冻融循环、地震灾害等影响，结构主材会发生疏松、剥离、裂缝等现象，国内外学者通过自身对古建筑物结构保护的实践过程，总结保护经验，在多方面进行了科学研究，主要工作有：

Thanasis C. Triantafillou，Michael N. Fardis 等人利用纤维增强聚合物和钢筋复合材料对历史砌体结构进行修复，将钢筋锚定在砌体两端拉结在一起，然后粘贴纤维布，对墙体进行约束，基于有限元分析及试验证明，可以很好地提高历史砌体结构的承载力。

M Uranjek 等人通过注浆技术对斯洛文尼亚古建筑砌体结构进行修复，通过研究水泥石灰、火山灰、水泥浆液等不同材料的修复效果，选取适合的修复材料，试验证明，石灰水泥与历史砌体建筑的砖石材料的相容性最好，修复效果最为显著。

彭斌、刘卫东等人利用某在役历史保护建筑修缮施工现场获取砖块与石灰砂浆制作受压试件和墙体试件，进行了材料力学性能试验和墙体伪静力试验。对墙体试件的破坏模式、滞回耗能、刚度退化情况等进行了讨论。采用经过检验的力学性能参数，应用计算机仿真方法拓展了试验结果，对墙体的抗震性能进行了分析，指出了在役历史建筑中砌体承重墙的特点。

李保今等人对阿炳故居砖砌体通过网状钻孔、绑筋、注浆进行修复，将普通砌体结构变为配筋砌体结构，采用水泥浆液作为注浆材料，增加了结构的抗压、抗剪和抗拉能力，取得了良好的修复效果，强度得到改善。

贾静怡等人用环氧树脂浆材和聚氨酯浆材复合，充分利用环氧树脂浆材粘结强度高而聚氨酯浆材固结体韧性好、抗冲击强度高的特点，将两者优势互补，使复合灌浆材料的物理力学性能指标都取得了较为满意的成果。

盛发和、徐峰等人利用水溶性浆液对朱然墓墓体采用等压渗透的方式进行修复，取得了良好的效果，修复前后，无论外貌还是内部结构均没有发生变化，保证了古墓的原貌，同时提高了墓室的整体强度，表层掉灰的现象消失，穹窿顶牢固地形成了一个整体，起到了整体修复的作用。

石建光等人对模拟老建筑用材料砌筑而成的砌体试件进行注浆修复，分别进行抗压、抗剪试验，根据试验结果，注浆修复砌体试件砂浆性能得以提高，砌体的整体性和强度同时增强。

(2) 砖石古塔的抗震保护

砖石古塔因建造年代久远，且相关工程资料缺乏，给抗震保护工作带来了不便。国内外学者围绕砖石古塔的动力特性，抗震性能分析及抗震性能评估等课题进行了研究，主要工作有：

陈平、赵冬、姚谦峰结合大雁塔及小雁塔的结构特点，讨论了中国砖石古塔的抗震机理及动力性能，依据现代地震工程学理论，对大、小雁塔抗地震能力进行了分析与评估。将大、小雁塔简化为底端固定的离散参数杆系模型，将质点质量集中于楼层处的剪切振动模型，按振型分解法计算出层间剪力。

李丽娟等人采用双参数地震破坏模型，给出了大雁塔各层在不同地震烈度下的破坏指标均值和条件破坏概率，并对破坏指标均值较大的顶层计算了不同年限内的破坏概率，对大雁塔的地震可靠性进行了分析。

林建生等人对泉州古石塔的抗震性能进行分析时，把古塔简化为下端固定，荷载集中于楼层和屋面，考虑基础转动变形的变截面弯剪悬臂杆模型。以此模型计算了塔体的自振周期、振型，按振型分解反应谱法计算了水平地震作用下的地震效应，分析了各层截面的抗震能力。

李德虎等人提出了“底端固定的离散参数沿高阶形等截面悬臂杆模型”。采用堆聚质量法、有限单元法等方法，提出了结构的简化计算模型。并结合历史震害，对砖石古塔的抗震机制进行了分析。

上述国内外专家在塔体结构材料的损伤保护、砖石古塔的抗震保护等方面进行了较多的实践研究，并且积累了一定的工程经验。在实践过程中，对砖石结构古塔材料损伤保护研究时仅考虑到对灌浆修复灰浆等材料特性以及技术方法的实施，未考虑到修复结构的动力反应影响。在砖石古塔的抗震保护研究中，对抗震机制、动力特性分析与模型建立等研究较多，但在研究过程中结合本体材料损伤、修复结构抗震性能以及地震响应研究较少。基于此，利用灌浆技术修复结构本体灰浆以及修复结构抗震性能和地震响应需要做进一步的研究。

1.3 本书的主要研究内容及方法

本书从模拟古灰浆和性能增强古灰浆试块力学性能试验、古砌体和性能增强古砌体轴心受压及受剪对比试验分析、古砌体墙体和性能增强墙体低周反复拟静力试验、砖石古塔结构及性能增强结构地震响应等方面综合进行研究，探讨了“浸渗法”无损性能增强砖石古塔结构保护方法。主要工作如下：

(1) 古灰浆及无损修复性能增强材料修复古灰浆基本力学性能试验研究

参考历史文献材料和制作工艺，通过相似性模拟分析与正交试验设计，参照行业标准《建筑砂浆基本性能试验方法标准》JGJ/T 70—2009，制作了模拟古混合灰浆、古糯米灰浆、古麻刀灰浆基材立方体试块和棱柱体试块。在基材试块中分别浸入改性环氧树脂、甲基丙烯酸甲酯、甲基硅酸钠性能增强材料，通过立方体抗压试验和棱柱体单轴受压试验对古灰浆及性能增强古灰浆的力学性能进行了试验研究，分析了古灰浆及性能增强古灰浆的强度、应变、弹性模量等指标变化情况进行。

(2) 古砌体试件及性能增强古砌体试件轴心受压、受剪强度进行试验研究

根据国家标准《砌体基本力学性能试验方法标准》GB/T 50129—2011，采用老青砖、古糯米灰浆分别制作模拟古砌体轴心受压试件和受剪试件，采用“浸渗法”在基材试件中分别浸入改性环氧树脂、甲基丙烯酸甲酯两种性能增强材料，对古砌体进行性能增强。经过对古砌体试件和性能增强古砌体试件的轴心受压强度、受剪强度等指标变化情况进行分析，同时拟合出古砌体基材、浸入改性环氧树脂或甲基丙烯酸甲酯性能增强古砌体应力—应变曲线，得出本构关系表达式。试验后，对“浸渗法”无损性能增强试件灰浆的浸入效果进行检查。

(3) 古墙体试件和性能增强古墙体试件抗震性能试验研究

为了模拟古建筑砌体结构，采用老青砖和古糯米灰浆砌筑 240mm、370mm、490mm 厚度的古墙体试件，采用“浸渗法”在古墙体试件中浸入改性环氧树脂或甲基丙烯酸甲酯进行无损性能增强，通过低周反复拟静力试验。研究了古墙体试件和性能增强古墙体试件在地震作用下的破坏机理，分析了试件的开裂荷载、破坏荷载、恢复力特性和耗能性能，建立了相应的恢复力模型，确定了试件的等效阻尼比。

（4）小雁塔结构现场调查与抗震性能评估

综合考虑小雁塔的文物价值和保护意义，详细查阅了小雁塔的历史修缮档案，现场对小雁塔结构的现状进行了全面分析，研究了小雁塔结构的材料组成、历史修复的结构特点以及目前的损伤情况等。同时对小雁塔结构进行了现场动力特性测试，分析了其主要动力特性和动力灾变特点，采用有限元分析方法对小雁塔的动力特性及不同强度等级地震下的动力响应进行分析，并利用极限位移与极限承载力联合的方法来对小雁塔的抗震性能进行评估。

（5）小雁塔模型振动台试验研究

在小雁塔原型结构实际调查资料分析的基础上，选取与小雁塔原型结构材料相似的砌筑材料，设计并制作 1/10 的小雁塔模型结构，对基材模型以及无损性能增强模型，进行了多种工况下的模拟地震振动台试验，研究了其动力特性和主要地震反应规律。

（6）小雁塔结构地震响应有限元分析

基于以上对古砌体和性能增强古砌体试验结果，采用 ANSYS 有限元分析软件对小雁塔原型结构建立模型，对原型结构及无损性能增强结构进行有限元计算，分析了小雁塔原型结构和分别浸入改性环氧树脂、甲基丙烯酸甲酯后小雁塔原型结构在 8 度小震、中震、大震下的抗震性能，讨论了小雁塔原型结构的无损性能增强效果。

第 2 章　性能增强古灰浆及砌体力学性能试验

2.1　传统古灰浆和性能增强材料研究

2.1.1　传统古灰浆

我国古建筑物的结构形式主要有木结构和砖石砌体结构，现存古建筑物以砖石砌体结构居多。随着岁月的流逝，现存的古建筑物均已经历了千百年的风吹雨打以及人为损害，大部分的砖石结构都存在砌块的风化、胶结材料缺失等不同程度的损伤。砖石结构是由烧结黏土砖、石材与胶结材料砌筑而成，其主要依靠胶结材料的粘结作用而成为一体，如果胶结材料发生风化导致疏松或存在开裂情况，其与砌块材料的粘结作用会降低，最终导致砖石结构整体性和承载力降低，削弱结构整体抗震性能。

胶凝材料，即胶结料，在物理、化学的作用下能从浆体变成坚固的石状体，并能胶结其他物料，制成具有一定机械强度的复合固体的物质，主要起到粘结、衬垫和传力作用，是砖石砌体结构的重要组成部分。

黏土是人类最早使用的胶结材料，古时用来砌筑简易的建筑物。黏土的强度很低，遇水自行解散，难以抵抗环境潮湿及雨水的侵蚀。在黏土中拌以植物纤维（稻草、壳皮）可以起到加筋增强作用，又可以起到固结黏土作用。随着人类文明的发展，公元前 8 世纪古希腊人已将石灰用于建筑中，我国也在公元前 7 世纪开始使用石灰，使得石灰成为人类最早、最广泛使用的胶凝材料。石灰是一种以氧化钙为主要成分的气硬性无机胶凝材料，是用石灰石、白云石、白垩、贝壳等碳酸钙含量高的产物，经 900～1100℃煅烧而成的。古人将生石灰粉掺入各种粉碎或原来松散的土中，经拌合、压实及养护后得到混合料，生石灰和土拌合后与水发生水化反应成为石灰稳定土，抗压强度较高，具有一定的粘结能力和固结黏土的作用。人类逐渐认识到其优点后，普遍采用这种方法制作灰浆来砌筑砖石结构房屋。

随着火的使用，煅烧所得石膏和石灰被用来调制建筑砂浆。公元初，古希腊人和罗马人发现在石灰中掺入某些火山灰沉积物，不仅能提高强度，而且能抵御水的侵蚀。到 10 世纪后半期，先后出现了用黏土质石灰石经煅烧后制成的水硬性石灰和罗马水泥。并在此基础上，发展到用天然泥灰岩（黏土含量在 20%～25%的石灰石）煅烧，磨细制做的天然水泥。

我国砖石古建筑物施工过程中，砌筑、抹灰等工艺使用的灰浆种类繁多，因此有“九浆十八灰”之说。“九浆”是指常用砌筑用浆体材料，如青浆、月白浆、白浆、桃花浆、糯米浆、烟子浆、砖灰浆、铺浆、红土浆；“十八灰”是指生石灰、青灰、泼灰（面）、泼浆灰、煮浆灰、老浆灰、熬炒灰、秸灰、软烧灰、月白灰、麻刀灰、花灰、素灰、油灰、黄米灰、葡萄灰、纸筋灰、砖灰。由于石灰具有良好的粘结性能和防潮功效，东周时期已经开始使用石灰修筑陵墓。在秦朝时期，修筑栈道时，采用当地的黄土加石灰夯筑而成；到汉代时，许多多层楼阁就是用石灰砌筑而成。秦汉以后，石灰材料的使用更为广泛，根据历史考证，在西汉时期我国就已经出现“三合土”，即石灰、黄土和沙子的混合材料，普遍被用在地面、屋面、房基等的建造。

经过古代工匠总结经验，在拌制灰浆的过程中，将糯米浆、桐油等有机物作为添加剂加入灰浆之中进行使用。与普通灰浆进行比较，在粘结性、抗渗性等方面都有很大的改善。

据史料记载，糯米灰浆在南北朝时期就已经出现。明朝的《天工开物》一书对糯米灰浆的组成、制作方法有详细记载：“灰一分入河沙，黄土二分，用糯米、羊桃藤汁和匀，经筑坚固，永不隳坏”。从考古结果来看，糯米灰浆主要应用建造墓穴、修建城墙和水利工程三个方面。如南京明代徐埔夫妇墓就是用糯米灰浆浇筑而成，异常坚固，1978 年挖掘时大型推土机都难以挖掘。浙江大学张秉坚教授课题组用热失重试验（DSC-TGA）、傅立叶红外试验（FT-1R）、X 光衍射试验（XRD）、电镜扫描（SEM）和“碘-淀粉”试验等方法分析了西安明代城墙、绍兴清代贞节牌坊等处古建筑砌缝中的灰浆样品，结果表明灰浆主要成分是方解石晶型的碳酸钙，含量占 75%左右，断定其是石灰形成氢氧化钙后与二氧化碳作用的产物；根据红外谱图并结合碘-淀粉试验结果判定主要是没有降解的糯米成分，有机成分占 5%左右。糯米浆能够很好地粘结碳酸钙纳米颗粒并填充其微孔隙，这是糯米灰浆具有良好力学性能的微观基础。此外，氢氧化钙受糯米浆包裹而反应不全可以抑制细菌滋生，同时也保护了糯米成分，能够使其长期不腐，糯米灰浆砌筑砖砌体结构如图 2-1 所示。

图 2-1 糯米灰浆砌筑砖砌体结构

桐油是一种优良的干性植物油，具有干燥快、比重轻、耐热、耐酸、耐碱、防腐等特性。作为一种添加剂，不仅可有效地提高灰浆的承载力，而且具有良好的抗渗性能。将桐油与石灰混合在一起，加入土体中后能够阻挡水分的进入，保持灰浆的稳定性。同时，桐油对石灰结晶具有调控作用，使生成的碳酸钙晶粒在取向、大小、形状等方面得到控制，从而获得更致密的结构，提高灰浆承载能力。

根据 Moropoulou A 等人的研究，泥浆是西方使用最早的建筑胶凝材料。在古埃及，泥浆用来砌筑生土建筑。在公元前 3000～2000 年，古埃及使用煅烧石膏作建筑胶凝材料砌筑方式成为流行趋势，著名的埃及金字塔在建造时就使用了这种胶凝材料（图2-2）。公元前2450年，欧洲开始出现石灰的锻制，此后石灰开始被用作建筑灰浆，古罗马人曾使用石灰与沙子的混合灰浆以及石灰和石膏的混合物砌筑建筑物，许多采用石灰砂浆砌筑的古罗马建筑，甚至留存至今，其中古罗马斗兽场（图2-3）是最具代表性的建筑。此后，古罗马人在古希腊人的基础上，对石灰使用工艺进行了改进，制成了著名的“罗马砂浆”。此种砂浆，除了含有砂子，还含有磨细的火山灰，与普通的石灰砂浆相比，这种“石灰-砂子-火山灰”组合而成的砂浆在强度和耐水性方面都有了很大提高，用此砂浆砌筑而成的建筑具有良好的耐久性。英国和法国都曾采用这种罗马砂浆来砌筑各种建筑。

图2-2 埃及金字塔

图2-3 古罗马斗兽场

综上所述，古灰浆掺合料主要有糯米浆、桐油、植物纤维等，与黏土组成复合砌筑灰浆进行砌筑。古代欧洲等地区采用石灰等材料作为掺合料进行使用。显然，古代欧洲使用的灰浆都是无机材料，而添加了糯米汁、桐油、植物纤维等的中国传统砌筑灰浆则是有机或无机复合材料。从某种层面上来说，与西方建筑技术水平相比，当时中国是技高一筹的。专家对现存的国内外历史文物遗址研究发现，在历史建筑保存的过程中传统胶凝材料发挥了巨大的作用，挖掘这些材料的潜在价值，对古建筑历史的探究和修复是极其重要的。

2.1.2 性能增强材料

“浸渗法”修复砖石砌体结构原理是利用材料自身重力或低压的方法，将性能增强材料浆液浸入墙体裂缝或疏松的灰缝中去，所使用的性能增强浆液需具有较好的流动性、渗透性和粘结性，浆液凝结硬化后，可以有效地对裂缝进行填充、固结灰缝材料、增强灰缝材料与砌块之间的粘结力、修补结构或材料的内部缺陷、增加材料的密实性和完整性等，进而达到既能够对古建砖石砌体结构修复又能提高结构的抗震性能的作用。

浆液材料按照基材的不同可分为水泥基浆液和化学基浆液。水泥基浆液是由高强胶结组分、超墨化组分、膨胀组分、优选级配集料组分及微量改性组分以适当比例在工厂预拌制成的一种粉状材料，使用时只需加水搅拌后即可进行使用。水泥基浆液材料具有高强、超流态、微膨胀无收缩、抗腐蚀性较好等优点，但水泥基浆液材料一般颗粒较大，只能在裂缝宽度大于2mm或孔隙较大的情况下进行使用。若修复对象裂缝宽度及孔隙较小时，其在修复过程中，灌浆料不能有效地对其进行填充，导致不能达到修复的目的，效果不理想。

化学基浆液是将化学材料（无机或有机材料）按照一定的比例配制成溶液，通过压送设备或自身重力将其注入地层或缝隙内，使其产生凝结固化来处理地基或者建筑缺陷，从而保证工程的顺利进行或借以提高工程质量的一项工程技术。化学基浆液具有稳定性好、黏度低、渗透能力强、粘结力较强、耐久性好、固结体的抗压强度较高等优点。随着改性浆液的不断发展，很多高分子材料可以渗透到水能渗透的部位，能够对细微裂缝、孔隙等进行填充，同时化学基浆液存在较高的粘结强度，修复能够显著提高结构整体的强度。化学灌浆所采用的浆液种类丰富多样，改性环氧树脂类浆液、丙烯酸树脂类浆液及有机硅类浆液等在结构加固、土体的修复工作中，取得了较好的工程应用效果。

1）改性环氧树脂类：环氧树脂泛指分子中含有两个或两个以上环氧基团的有机化合物，除个别外，它们的相对分子质量都不高。其分子结构是以分子链中含有活泼的环氧基团为特征，环氧基团可以位于分子链的末端、中间或呈环状结构。由于分子结构中含有活泼的环氧基团，使它们可与多种类型的固化剂发生交联反应而形成不溶的具有三向网状结构的高聚物。固化后的环氧树脂具有良好的物理、化学性能，它对金属和非金属材料的表面具有优异的粘接强度、变形收缩率小、硬度高、柔韧性较好等优点。20 世纪 60 年代初期，用聚合物材料保护风化岩石开始流行，由于环氧树脂在固化时无副产品产生、不产生气泡，具有体积收缩性小、不致变形，并且能渗入多孔材料内部形成网状结构，同时具有良好的耐久性及粘结性的特点。

Selwitz，Charles 介绍了将石头分别浸入 5%～6%、10%、30%、50%和 70%的环氧树脂-丙酮溶液中。50%时石头内部树脂溶液完全饱和，而树脂浓度再增大到 70%时，发生反渗现象。用树脂处理后，无风化岩石的强度无明显变化，但风化岩石的抗压强度增加了 35%～60%。研究表明，用环氧树脂处理岩石的成功取决于新鲜岩石固有的孔隙和风化产生的孔隙，因此本身多孔的岩石风化后是环氧树脂修复的最佳对象。由于修复对象的特殊性，在环氧树脂类材料进行使用前应进行一定的改性处理，改性后的环氧树脂具有高流动渗透性、良好的粘接固结强度、提高灰缝抗冲击柔性、加强原材耐风化腐蚀性、降低潮气渗透性、提高灰缝本身的抗水性等。

2）丙烯酸树脂类 poly（1-carboxyethylene）或 Poly（acrylic acid）：是由丙烯酸酯类和甲基丙烯酸酯类及其他烯属类单体共聚制成的树脂，通过选用不同的树脂结构、不同的配方、生产工艺及溶剂组成，可合成不同类型、不同性能和适用不同场合的丙烯酸树脂。丙烯酸树脂根据结构和成膜机理的差异，可分为热塑性丙烯酸树脂和热固性丙烯酸树脂。丙烯酸类树脂材料可作为多孔文物修复保护材料进行使用。

甲基丙烯酸甲酯是一种有机化合物，又称 MMA，简称甲甲酯。是一种重要的化工原料，是生产透明塑料聚甲基丙烯酸甲酯（有机玻璃，PMMA）的单体。要获得理想的渗透深度及耐风化性能，一定要有正确的处理操作。用 PMMA 处理的岩石在提高强度的同时也阻止了湿气的活动。材料自身黏度低时，相应渗透深度提高。

3）有机硅类：即有机硅化合物，是指含有 Si-C 键，且至少有一个有机基是直接与硅原子相连的化合物，习惯上也常把那些通过氧、硫、氮等使有机基与硅原子相连接的化合物也当作有机硅化合物。其中，以硅氧键（-Si-O-Si-）为骨架组成的聚硅氧烷，是有机硅化合物中为数最多、研究最深、应用最广的一类，约占总用量的 90%以上。

研究较多的有机硅类修复剂主要有硅酸乙酯、烷基硅酸盐、硅烷、硅氧烷、硅酸盐等。由于其分子中含有烷基和硅氧键链，是一种介于有机高分子和无机材料之间的聚合物，因此，也称为硅酸盐的衍生物。有机硅材料具有一般高聚物的抗水性，又具有透气和透水性，不仅与文物有物理结合，而且有时会形成新的化学键，最终形成的物质是稳定的硅化物，起到明显的修复作用。

有机硅类修复方法主要用于土遗址保护工作，在土遗址保护中常用的有机硅类材料，主要包括甲基硅酸钠、正硅酸乙酯和聚烷基硅氧烷、甲基三乙氧基硅烷等。正硅酸乙酯在土遗址保护中应用较多，伊拉克、秘鲁、墨西哥都曾将之用于土遗址的保护。

近年来，国内也开展了类似的研究，张秉坚等人研究了正硅酸乙酯和甲基硅酸盐修复保护土遗址的方法，发现正硅酸乙酯的乙酸乙酯溶液和甲基硅酸盐水溶液都能明显改善土的耐水浸泡性，可以用于潮湿环境土遗址的保护修复。张慧等人使用正硅酸乙酯的预聚物来修复保护土遗址，研究结果表明，经正硅酸乙酯的预聚物处理后，土样的各项性能都比较理想，能满足土遗址保护的要求。柴新军等人研究了以正硅酸乙酯为注浆材料修复保护古窑的方法，证明了该方法的适宜性和可行性。有机硅材料的修复与防水效果好，是目前研究比较成熟、世界各地通用的土、石质文物修复材料。

甲基硅酸钠是一种新型刚性建筑防水材料，具有良好的渗透结晶性。其分子结构中的硅醇基与硅酸盐材料中的硅醇基反应脱水交联，从而实现“反毛细管效应”形成优异的憎水层，同时具有防水防潮、微膨胀、增加密实度、防止风化等功能。

2.2 古灰浆及性能增强古灰浆力学性能试验

2.2.1 试块的制作

根据对古建筑物现场调查及查阅相关研究资料，我国砖石结构古建筑物常用的砌筑灰浆有混合灰浆及采用糯米浆、植物纤维等材料与黏土组成的复合灰浆等。基于我国砖石古建筑物灰浆制作与使用基础，同时结合试验室实际条件，本书选择古建传统古砌筑灰浆主要包括古混合灰浆、古糯米灰浆和古麻刀灰浆。通过查阅相关文献并进行筛选，所选用的性能增强材料有改性环氧树脂、甲基丙烯酸甲酯、甲基硅酸钠。

由于古建筑物的特殊性，没有专门的规范、方法对古建筑物灰浆力学性能进行评定，本书对于古灰浆力学性能试验研究时，参照行业标准《建筑砂浆基本性能试验方法标准》JGJ/T 70—2009 进行评定。通过立方体抗压试验和棱柱体单轴受压试验对古建筑物灰浆的力学性能进行研究，分析古灰浆基材及性能增强古灰浆的强度、应力-应变等力学性能的变化。

古灰浆试块的制作与养护：

1）基材的选取与制备

黏土：取自陕西省西安市长安区航天城某工地基坑内的原状土，通过自然晾晒的方法将黄土中水分蒸发干，采用 2.0mm 细筛对所取土样进行筛分处理，剔除土样内石块类杂质及大颗粒土块，将筛分出的大颗粒土体进行碾碎后再筛分，最终得到直径为 2.0mm 以下黄土，如图 2-4 所示。

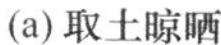

(a) 取土晾晒

(b) 杂质筛分

图 2-4 黄土土样制作过程

糯米浆液：在市场购买工程用糯米粉，采用温水进行拌制。由于购买原材料时经销商未能提供配合比，课题组请教咨询了有关文物修复工程施工匠人，根据其相关施工经验及原材料进行现场调配进行使用，如图 2-5 所示。麻刀丝：在建筑市场购买工程用麻刀丝，购买后对较长的原材进行裁剪，保证使用的麻刀丝材长度为 100～150mm 之间，如图 2-6 所示。生石灰粉：直接在生石灰生产厂家购买生石灰块材，人工对块材进行破碎、筛分，去除石块类杂质，大颗粒灰块再次碾碎后筛分使用，如图 2-7 所示。

图 2-5 现场调制糯米浆液

图 2-6 麻刀丝

图 2-7 生石灰粉

2）试件的制作与养护

根据行业标准《建筑砂浆基本性能试验方法标准》JGJ/T 70—2009，砂浆立方体抗压强度试块尺寸为 70.7mm×70.7mm×70.7mm，成型模具采用市场购置砂浆立方体抗压试块三联试模。砂浆棱柱体单轴抗压强度试块尺寸为 70.7mm×70.7mm×216mm 棱柱体模具，成型模具采用市场购置砂浆棱柱体抗压试块模具，如图 2-8 和图 2-9 所示。

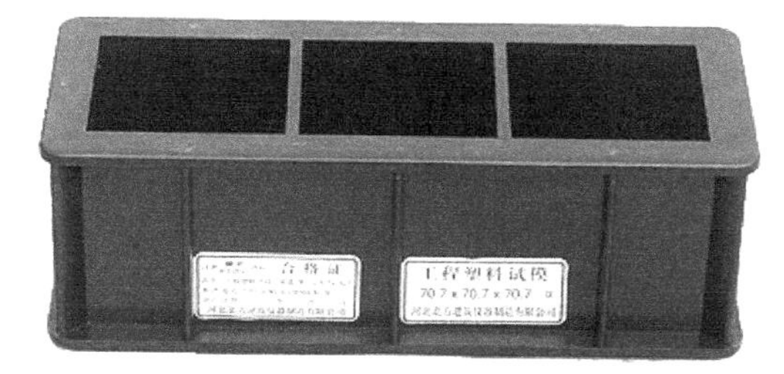

图 2-8 砂浆立方体抗压试块三联模具（70.7mm×70.7mm×70.7mm）

图 2-9 砂浆棱柱体抗压试块模具（70.7mm×70.7mm×216mm）

本书中试验制作三种灰浆所制备的试块如图 2-10 所示。

古混合灰浆（combined mortar）：灰浆中黄土与生石灰的体积比为 8∶2，将筛分好的黄土与生石灰按比例拌匀，后在混合灰中加入拌合水，用电动搅拌装置拌合均匀备用。

古糯米灰浆（sticky rice mortar）：糯米灰浆中灰与土的体积比为 5∶5，在搅拌下将糯米浆缓缓加入水中，成浆后与黄土拌合，用电动搅拌装置拌合均匀备用。

古麻刀灰浆（hemp mortar）：麻刀灰浆中灰与土的体积比为 9∶1，将筛分好的黄土与生石灰按比例拌匀，然后在混合灰中加入拌合水，用电动搅拌装置拌合均匀成泥状。在拌制均匀灰土泥中加入麻刀丝，灰土泥与麻刀丝体积比约为 100∶6，搅拌均匀后备用。

图 2-10　试验中制备部分立方体、棱柱体试块

本书选取的性能增强材料有改性环氧树脂、甲基丙烯酸甲酯、甲基硅酸钠三种。改性环氧树脂：由于使用的特殊性，所使用的改性环氧树脂灌浆液应具有低黏度、高流动性、高渗透性，本次使用材料从生产厂家直接提供，经改性后按组分分为 A、B 两组，使用时按 A、B 组分体积比为 2∶1 进行配制使用。由于环氧类树脂受温度影响较大，温度较高时流动性较好，温度较低时流动性较差。若使用温度较低时可加入适量丙酮进行一定的稀释，增加灌浆液的流动性。

甲基丙烯酸甲酯：甲基丙烯酸甲酯是由甲基丙烯酸甲酯主剂、引发剂、促进剂和除氧剂四种材料配制而成，使用之前先将除氧剂放入到主剂中，搅拌使其溶解，作为 A 液，然后将引发剂和部分除氧剂混合均匀作为 B 液，使用时 A 液和 B 液按体积比 1∶1 比例混合，并加入引发剂。使用时应适量配制，每次配制浆液不宜过多，根据使用量进行配置。

甲基硅酸钠：将甲基硅酸钠原液采用水进行稀释使用，体积比为 1∶12～15，每次使用应适量配制。

本次试验基于古灰浆和性能增强古灰浆进行研究工作，将性能增强材料改性环氧树脂、甲基丙烯酸甲酯、甲基硅酸钠分别浸入基材古灰浆立方体试块和棱柱体试块中，制作了 24 组共 108 块立方体和棱柱体试块，分组见表 2-1 和表 2-2。

立方体试块分组　　表 2-1

性能增强材料	古灰浆基材		
	混合灰浆(C)	糯米灰浆(S)	麻刀灰浆(H)
无	CC_1～CC_3	SC_1～SC_3	HC_1～HC_3
改性环氧树脂(E)	CEC_1～CEC_3	SEC_1～SEC_3	HEC_1～HEC_3
甲基丙烯酸甲酯(M)	CMC_1～CMC_3	SMC_1～SMC_3	HMC_1～HMC_3
甲基硅酸钠(S)	CSC_1～CSC_3	SSC_1～SSC_3	HSC_1～HSC_3

棱柱体试块分组 **表 2-2**

性能增强材料	古灰浆基材		
	混合灰浆(C)	糯米灰浆(S)	麻刀灰浆(H)
无	CP_1～CP_6	SP_1～SP_6	HP_1～HP_6
改性环氧树脂(E)	CEP_1～CEP_6	SEP_1～SEP_6	HEP_1～HEP_6
甲基丙烯酸甲酯(M)	CMP_1～CMP_6	SMP_1～SMP_6	HMP_1～HMP_6
甲基硅酸钠(S)	CSP_1～CSP_6	SSP_1～SSP_6	HSP_1～HSP_6

2.2.2 立方体抗压强度试验

(1) 试验设备

本次试验在西北农林科技大学建筑工程学院建材试验室进行，试验设备为微机控制电液伺服万能试验机，量程为 100kN，仪器生产厂家为济南恒瑞金试验机有限公司，如图 2-11 所示。

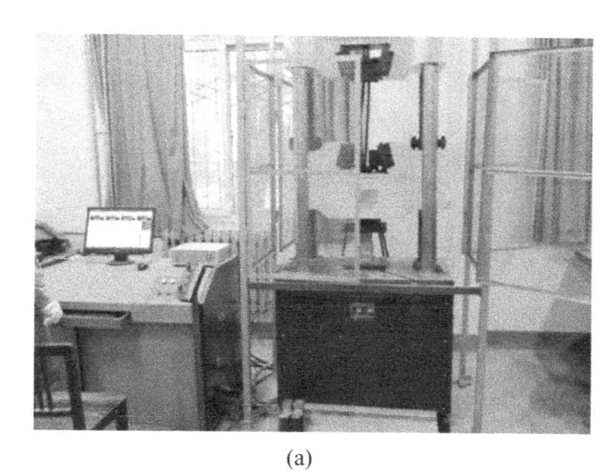

(a)

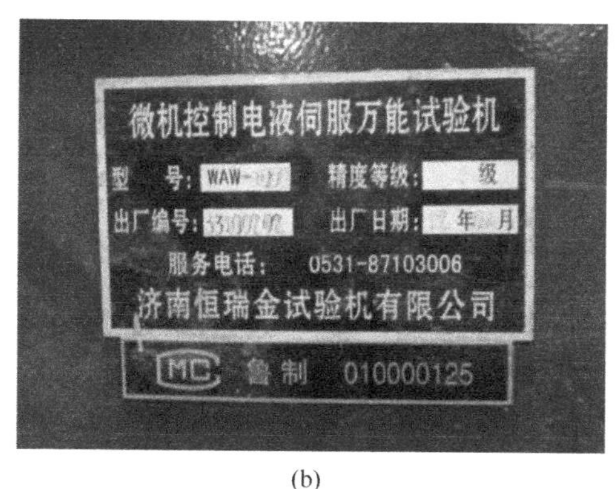

(b)

图 2-11 微机控制电液伺服万能试验机

(2) 立方体抗压强度试验结果评定方法

本次立方体抗压试验结果处理参照行业标准《建筑砂浆基本性能试验方法标准》JGJ/T 70—2009 相关章节要求，试验数据处理方法如下所示：

$$f_{m,cu}=\frac{N_u}{A} \tag{2-1}$$

式中：$f_{m,cu}$——立方体抗压强度（MPa），精确到 0.1MPa；

N_u——试件破坏荷载（N）；

A——试件承压面积（mm^2）。

以三个试件测值的算术平均值的 1.3 倍（f_2）作为该组试件的砂浆立方体试件抗压强度平均值（精确至 0.1MPa）。

(3) 立方体抗压试验过程及试验结果

三种基材古灰浆立方体试块抗压试验过程，如图 2-12～图 2-14 所示。

(a) 现场试验

(b) 破坏形态

图 2-12　古混合灰浆（CC）基材试验过程

(a) 现场试验

(b) 破坏形态

图 2-13　古糯米灰浆（SC）基材试验过程

(a) 现场试验

(b) 破坏形态

图 2-14　古麻刀灰浆（HC）基材试验过程

三种古灰浆立方体抗压试验结果见表 2-3。

古灰浆立方体试块抗压试验结果 表 2-3

灰浆类型	试件编号	破坏荷载（kN）	面积（mm²）	抗压强度（MPa）	抗压强度平均值（MPa）
古混合灰浆	CC_1	5.52	4998.49	1.1	1.6
	CC_2	6.55	4998.49	1.3	
	CC_3	6.37	4998.49	1.3	
古糯米灰浆	SC_1	6.75	4998.49	1.4	1.8
	SC_2	6.44	4998.49	1.3	
	SC_3	7.29	4998.49	1.5	
古麻刀灰浆	HC_1	9.62	4998.49	1.9	2.5
	HC_2	9.45	4998.49	1.9	
	HC_3	10.33	4998.49	2.1	

性能增强古灰浆立方体试块抗压试验过程：

1）性能增强古混合灰浆试块（CEC、CMC、CSC）试验过程，如图 2-15～图 2-17 所示。

(a) 现场试验

(b) 破坏形态

图 2-15 CEC 试块试验过程

(a) 现场试验

(b) 破坏形态

图 2-16 CMC 试块试验过程

(a) 现场试验

(b) 破坏形态

图 2-17　CSC 试块试验过程

2）性能增强古糯米灰浆试块（SEC、SMC、SSC）试验过程，如图 2-18～图 2-20 所示。

(a) 现场试验

(b) 破坏形态

图 2-18　SEC 试块试验过程

(a) 现场试验

(b) 破坏形态

图 2-19　SMC 试块试验过程

(a) 现场试验

(b) 破坏形态

图 2-20 SSC 试块试验过程

3）性能增强古麻刀灰浆试块（HEC、HMC、HSC）试验过程，如图 2-21～图 2-23 所示。

(a) 现场试验

(b) 破坏形态

图 2-21 HEC 试块试验过程

(a) 现场试验

(b) 破坏形态

图 2-22 HMC 试块试验过程

(a) 现场试验

(b) 破坏形态

图 2-23 HSC 试块试验过程

性能增强古混合灰浆立方体试块抗压试验结果 **表 2-4**

性能增强材料	分组编号	破坏荷载(kN)	承压面积(mm^2)	抗压强度(MPa)	抗压强度平均值(MPa)	变化幅度(%)
改性环氧树脂	CEC_1	8.06	4998.49	1.6	2.3	43.8
	CEC_2	9.96	4998.49	2.0		
	CEC_3	8.95	4998.49	1.8		
甲基丙烯酸甲酯	CMC_1	6.79	4998.49	1.4	1.9	18.8
	CMC_2	7.79	4998.49	1.6		
	CMC_3	7.87	4998.49	1.6		
甲基硅酸钠	CSC_1	6.46	4998.49	1.3	2.0	25.0
	CSC_2	8.25	4998.49	1.7		
	CSC_3	8.35	4998.49	1.7		

性能增强古糯米灰浆立方体试块抗压试验结果 **表 2-5**

性能增强材料	分组编号	破坏荷载(kN)	承压面积(mm^2)	抗压强度(MPa)	抗压强度平均值(MPa)	变化幅度(%)
改性环氧树脂	SEC_1	10.53	4998.49	2.1	2.8	55.6
	SEC_2	9.60	4998.49	1.9		
	SEC_3	11.74	4998.49	2.3		
甲基丙烯酸甲酯	SMC_1	10.33	4998.49	2.1	2.5	38.9
	SMC_2	9.21	4998.49	1.8		
	SMC_3	9.40	4998.49	1.9		
甲基硅酸钠	SSC_1	8.64	4998.49	1.7	2.1	17.8
	SSC_2	7.15	4998.49	1.4		
	SSC_3	8.68	4998.49	1.7		

性能增强古麻刀灰浆立方体试块抗压试验结果　　表 2-6

性能增强材料	分组编号	破坏荷载(kN)	承压面积(mm^2)	抗压强度(MPa)	抗压强度平均值(MPa)	变化幅度(%)
改性环氧树脂	HEC_1	16.26	4998.49	3.3	4.0	60.0
	HEC_2	14.36	4998.49	2.9		
	HEC_3	15.60	4998.9	3.1		
甲基丙烯酸甲酯	HMC_1	12.31	4998.49	2.5	3.3	32.0
	HMC_2	12.57	4998.49	2.5		
	HMC_3	13.53	4998.49	2.7		
甲基硅酸钠	HSC_1	11.26	4998.49	2.3	2.9	16.0
	HSC_2	10.49	4998.49	2.1		
	HSC_3	11.67	4998.49	2.3		

根据表 2-4～表 2-6 对性能增强古灰浆立方体试块抗压试验结果可以看出，古灰浆基材试件浸入性能增强材料后的立方体抗压强度均有不同程度的提高。浸入改性环氧树脂后的古混合灰浆、古糯米灰浆、古麻刀灰浆抗压强度分别提高了 43.8%、55.6%、60.0%；浸入甲基丙烯酸甲酯后的古混合灰浆、古糯米灰浆、古麻刀灰浆抗压强度分别提高了 18.8%、38.9%、32.0%；浸入甲基硅酸钠后的古混合灰浆、古糯米灰浆、古麻刀灰浆抗压强度分别提高了 25.0%、17.8%、16.0%。根据以上试验结果，改性环氧树脂对古灰浆基材立方体抗压强度提高效果最好，甲基硅酸钠对古灰浆基材抗压强度提高效果较其他两种性能增强材料提高幅度较低。

2.2.3　棱柱体单轴抗压试验

（1）试验设备

本次棱柱体抗压强度试验与立方体抗压强度试验地点与试验设备相同，不再重复叙述。

（2）棱柱体单轴抗压强度试验过程

三种古灰浆基材棱柱体试块抗压试验过程，如图 2-24～图 2-26 所示。

(a) 现场试验

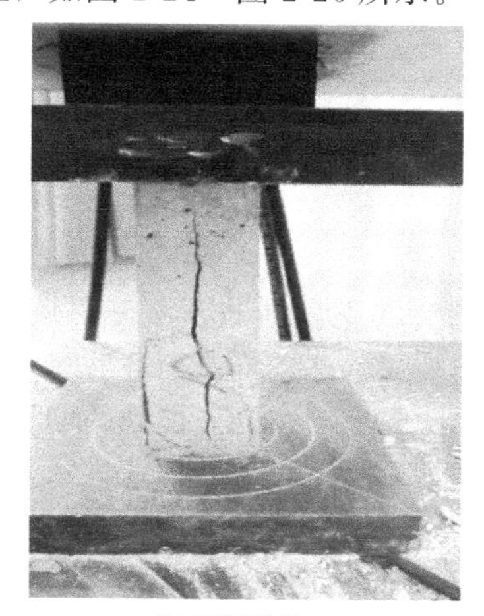

(b) 破坏形态

图 2-24　古混合灰浆（CP）基材试验过程

(b) 破坏形态

图 2-25 古糯米灰浆（SP）基材试验过程

(a) 现场试验

(b) 破坏形态

图 2-26 古麻刀灰浆（HP）基材试验过程

图 2-24～图 2-26 为三种古灰浆基材棱柱体单轴受压试验，古混合灰浆试块受压后上部出现较多纵向裂缝，达到峰值荷载后突然破坏，沿裂缝破碎成多块；古糯米灰浆试块在加荷初期表面无明显裂缝，随着荷载的增大，试件表面出现多条不连续的纵向裂缝，从中部向两端扩展，最后呈劈裂状破坏；古麻刀灰浆试块受力后表面出现多条细微裂缝，由上向下发展，后斜向呈劈裂状破坏。

性能增强古灰浆棱柱体试块抗压试验过程：

1）性能增强古混合灰浆基材试块（CEP、CMP、CSP）试验过程，如图 2-27～图 2-29 所示。

(a) 现场试验

(b) 破坏形态

图 2-27 CEP 试块试验过程

(a) 现场试验

(b) 破坏形态

图 2-28 CMP 试块试验过程

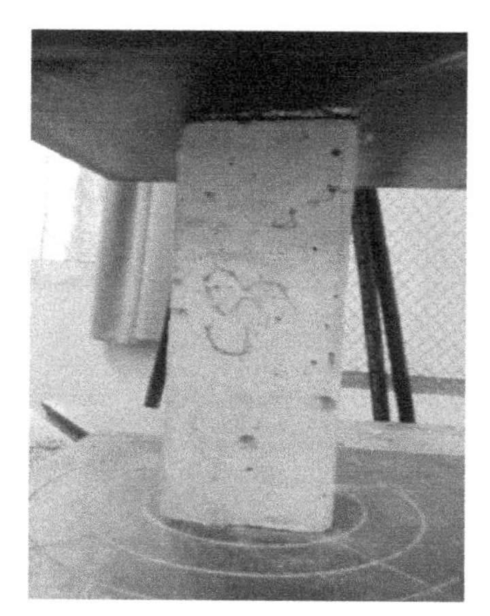

(a) 现场试验

(b) 破坏形态

图 2-29 CSP 试块试验过程

图2-27～图2-29为性能增强古混合灰浆基材试块棱柱体单轴受压试验过程。可以看出，CEP试块受荷载后，试块的顶端出现了数条细微裂缝，随着荷载的增大，形成了一条斜向主裂缝，其余裂缝向下延伸发展，裂缝宽度随之增大；CMP试块受荷载后，试块的顶端出现了数条纵向裂缝，随着荷载的增大，四周裂缝迅速向下延伸，裂缝宽度随之增大，临近荷载峰值时试块四周表面发生脱落，破坏形态呈倒四角锥状；CSP试块受荷载后在上部及下部均出现了开裂现象，随着荷载的增大，下部产生了一条斜向主裂缝，其余裂缝继续向试件中部延伸，试件破坏前主裂缝急剧加宽并向上延伸，最终试块产生斜向断裂。

2）性能增强古糯米灰浆基材试块（SEP、SMP、SSP）试验过程，如图2-30～图2-32所示。

(a) 现场试验

(b) 破坏形态

图2-30 SEP试块试验过程

(a) 现场试验

(b) 破坏形态

图2-31 SMP试块试验过程

(a) 现场试验

(b) 破坏形态

图 2-32 SSP 试块试验过程

图 2-30～图 2-32 为性能增强古糯米灰浆基材试块棱柱体单轴受压试验过程。SEP 试块受荷后棱柱体顶部先出现不规则开裂现象，后竖向裂缝向下延伸，下部随之也出现裂缝，并向上延伸，最终上部四分之一处发生局部脱落而破坏。SMP 试块受荷载后表面出现裂缝细微，由中部向上部开展，达到峰值后，裂缝不断延伸、扩展、相连，形成宏观裂缝部分脱落破坏；SSP 试块受荷载后裂缝首先出现在试块的中部，随着荷载的增加中部的竖向裂缝向两端部延伸，同时水平方向的开裂有错动趋势，竖向裂缝宽度继续增加，最终以中部水平方向错断而破坏。

3）性能增强古麻刀灰浆基材试块（HEP、HMP、HSP）试验过程，如图 2-33～图 2-35 所示。

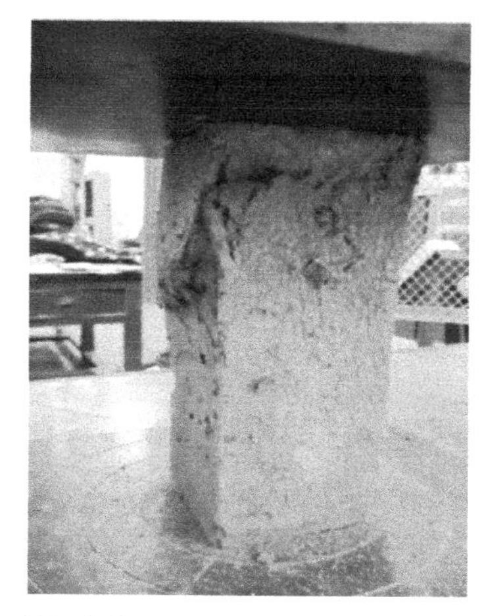

图 2-33 HEP 试块试验过程

图 2-33～图 2-35 为性能增强古麻刀灰浆基材试块棱柱体单轴受压试验过程。HEP 试块受荷后两端部首先出现开裂现象，随后在上部形成了一道斜向主裂缝，裂缝的宽度及长度随着荷载的增加，斜向裂缝继续增大并有错位迹象，最终发生错裂破坏。HMP 试块受

图 2-34　HMP 试块试验过程

图 2-35　HSP 试块试验过程

荷载后上不首先产生开裂现象，随着荷载的增加，整个试件呈斜向变形，随着荷载的增加，试件整体表面细微裂缝越来越多，最终呈压缩状态破坏，整体性较好。HSP 试件受荷载后上部表面产生细微裂缝，成片状向外发生胀裂，破坏后试块上部发生变形，并未脱落劈裂。

（3）棱柱体单轴抗压试验结果

表 2-7 为古灰浆和性能增强古灰浆棱柱体单轴受压试验结果。

棱柱体单轴受压试验结果　　**表 2-7**

试件组别	峰值应力(MPa)	峰值应变	极限应变	弹性模量(MPa)
CP	0.7816	0.0145	0.0159	45.8
CEP	1.1001	0.0169	0.0179	57.3
CMP	0.9599	0.0156	0.0170	60.6
CSP	0.9235	0.0152	0.0171	59.2
SP	0.4434	0.0112	0.0142	26.1

续表

试件组别	峰值应力(MPa)	峰值应变	极限应变	弹性模量(MPa)
SEP	0.5209	0.0147	0.0186	43.3
SMP	0.5747	0.0158	0.0193	82.2
SSP	0.5425	0.0142	0.0187	76.3
HP	0.9166	0.0231	0.0345	37.9
HEP	1.1553	0.0244	0.0377	53.7
HMP	1.0795	0.0420	0.0553	32.8
HSP	1.0935	0.0267	0.0367	36.5

1）峰值应力

峰值应力由下式计算获得：

$$\sigma_{max}=\frac{N_{max}}{A} \tag{2-2}$$

式中：N_{max} 为受压荷载最大值，A 为试件横截面面积。

由表 2-7 可以看出，浸入改性环氧树脂、甲基丙烯酸甲酯和甲基硅酸钠后的棱柱体峰值应力较基材试件均有所提高，改性环氧树脂和甲基丙烯酸甲酯对棱柱体试块峰值应力提高效果较好。对于古混合灰浆试块，浸入改性环氧树脂、甲基丙烯酸甲酯和甲基硅酸钠后峰值应力分别提高了 17.5%、29.6%、22.4%；对于古糯米灰浆试块，浸入改性环氧树脂、甲基丙烯酸甲酯和甲基硅酸钠后峰值应力分别提高了 40.7%、22.8%、18.2%；对于古麻刀灰浆试块，浸入改性环氧树脂、甲基丙烯酸甲酯和甲基硅酸钠后峰值应力分别提高了 26.0%、17.8%、19.8%。

2）峰值应变和极限应变

峰值应变取峰值应力点处对应的应变，通过试验数据可以获得，反映了灰浆在最大破坏荷载时的变形能力。极限应变取对应于应力-应变曲线下降段 85%峰值应力处的应变。

根据试验结果，浸入改性环氧树脂后的古混合灰浆、古糯米灰浆、古麻刀灰浆棱柱体试块较其基材试件峰值应变和极限应变分别提高了 41.1%和 35.9%、7.6%和 6.9%、81.8%和 60.3%；浸入甲基丙烯酸甲酯后的古混合灰浆、古糯米灰浆、古麻刀灰浆棱柱体试块较其基材试件峰值应变和极限应变分别提高了 16.6%和 12.6%、31.3%和 31.0%、5.6%和 9.3%；浸入甲基丙烯酸甲酯后的古混合灰浆、古糯米灰浆、古麻刀灰浆棱柱体试块较其基材试件峰值应变和极限应变分别提高了 4.8%和 9.3%、26.8%和 31.7%、15.6%和 6.4%。综上所述，浸入改性环氧树脂和甲基丙烯酸甲酯对古灰浆基材试件的峰值应变和极限应变的改善效果较好。

3）弹性模量

弹性模量是判定变形性能的主要指标，灰浆的受压应力-应变曲线为非线性，弹性模量随着应力或应变而连续地变化。本试验方法测定的灰浆弹性模量是指应力为 40%轴心抗压强度时的割线模量，因此取应力-应变曲线上升段原点至 40%峰值应力点对应的割线模量即为所求的弹性模量。

由表 2-7 可以看出，对于古混合灰浆试块，浸入改性环氧树脂、甲基丙烯酸甲酯和甲基硅酸钠后弹性模量分别提高了 25.1%、32.3%、29.3%；对于古糯米灰浆试块，浸入改性环氧树脂、甲基丙烯酸甲酯和甲基硅酸钠后弹性模量分别提高了 65.9%、214.9%、192.3%；对于古麻刀灰浆试块，浸入改性环氧树脂后弹性模量提高了 41.7%，而掺加浸入甲基丙烯酸甲酯和甲基硅酸钠后弹性模量分别降低了 13.5%、3.7%。古混合灰浆浸入无损修复性能增强材料后弹性模量增加幅度较大是因为古混合灰浆自身弹性模量较小，浸入无损修复性能增强材料后，充分地对古混合灰浆内部空隙进行填充，进而提高了材料的弹性模量。

2.3 无损性能增强古砌体基本力学性能试验研究

2.3.1 试验材料的选取

（1）砖砌块

为了更加接近于古建筑物中所使用砖砌块，本次试验中使用的砖砌块均采用从 20 世纪 50 年代建筑物上拆除老青砖，砖砌块的抗压强度试验在西北农林科技大学建筑工程试验室进行试验，所使用砖抗压强度平均值为 7.19MPa，如图 2-36 所示。

图 2-36　试验用老青砖

（2）古灰浆

本试验选用砖石古塔常用的古糯米灰浆作为砌筑灰浆。古糯米灰浆中灰与土的体积比为 5∶5，在搅拌下将生糯米浆缓加入水中，成浆后与黄土拌合，焖 8h 后再进行试块的制作，将糯米粉跟水混合煮沸后去除里面的不溶物，掺入 10%浓度的糯米浆，用电动搅拌装置拌合均匀。

古灰浆立方体抗压强度试验按《建筑砂浆基本性能试验方法标准》JGJ/T 70—2009 的要求，制作试样的试模为边长 70.7mm×70.7mm×70.7mm 的立方体，试件放置 2d 后进行拆模、编号。每一个砌块采用同一盘灰浆，分两组，一组养护 28d，一组试验当天进行抗压试验。试块灰浆抗压强度试验结果如表 2-8 所示。

试块灰浆抗压强度试验结果　　表 2-8

灰浆试块编组	28d 抗压强度平均值(MPa)	试验当天抗压强度平均值(MPa)
一	1.36	1.35
二	1.35	1.35
三	1.36	1.36

（3）性能增强材料

根据对古灰浆和性能增强古灰浆试块抗压强度试验结果，浸入改性环氧树脂和甲基丙烯酸甲酯后的性能增强古灰浆试块抗压强度增加较大，对基材性能改善效果较好，试验中性能增强材料选取改性环氧树脂和甲基丙烯酸甲酯。

2.3.2 古砌体试件抗压强度试验

（1）抗压试件的制作与加荷制度

1）古砌体抗压试件的制作

根据《砌体基本力学性能试验方法标准》GB/T 50129—2011 第 4.1.1 条规定：对于外形尺寸为 240mm×115mm×53mm 的普通砖，砌体抗压试件的截面尺寸 $t \times b$（厚度×宽度）应采用 240mm×370mm 或 240mm×490mm，试件高度 H 应按高厚比 β 值确定，β 值应为 3～5。根据试验室实际条件，本次试验试件高度 H 为 750mm，通过计算得出试件高厚比 $\beta=3.12$，满足规范规定 β 值为 3～5 要求，普通砖砌体抗压强度试验试件示意图如图 2-37 所示。

本次砌体抗压强度试验分为古糯米灰浆基材砌体试件、改性环氧树脂性能增强砌体试件、甲基丙烯酸甲酯性能增强砌体试件三种类型，每种类型试件各制作三组，每组 6 个试件。砌体抗压强度试验试件分组见表 2-9。试件的制作严格按照《砌体基本力学性能试验方法标准》GB/T 50129—2011 相关规定要求，由于三组试件为对比性试验，砌体试件均由一名技术水平熟练的瓦工进行砌筑，砌筑过程采用分层流水作业法砌筑，砌筑过程中使每盘灰浆均匀的使用于各个试件，试件砌筑完毕后在其顶部平压四皮砖，持时 14d，试件置于约 20℃试验室内养护 28d。

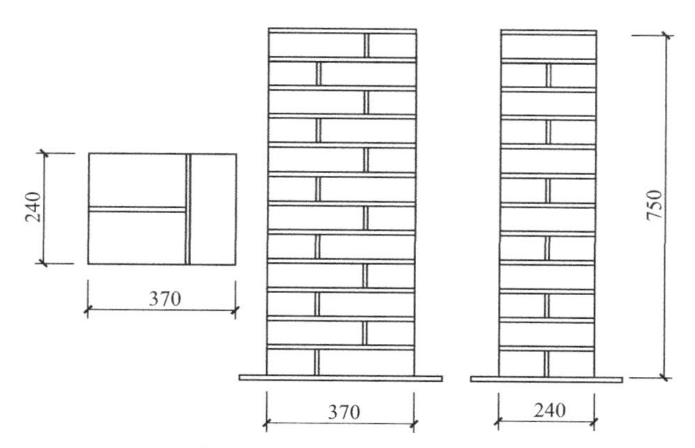

图 2-37 普通砖砌体抗压强度试验试件示意图

砌体抗压强度试验试件分组 表 2-9

试件类型	分组编号
古砌体基材	SMC_1～SMC_3
改性环氧树脂性能增强	$SMCE_1$～$SMCE_3$
甲基丙烯酸甲酯性能增强	$SMCM_1$～$SMCM_3$

2）砌体抗压强度试验荷载制度

本次砌体抗压强度试验在西北农林科技大学建筑工程试验室进行试验，试验严格按照《砌体基本力学性能试验方法标准》GB/T 50129—2011 的相关要求进行。试件安装就位后，首先对试件施加 5%的预估破坏荷载，用以检查仪表的灵敏性及安装的牢固性。试验采用分级加载制度，每级荷载取预估破坏荷载的 10%，且在 1.0～1.5min 内均匀加完，保持恒载 1～2min，然后施加下一级荷载。当压力试验机指针明显回弹时，即宣告试件破坏，此时的荷载为试件的破坏荷载。

3）无损性能增强古砌体施工方案

试验古灰浆基材砌体试件采用老青砖与糯米灰浆进行砌筑，性能增强材料采用改性环氧树脂和甲基丙烯酸甲酯，所选用的性能增强材料均有高流动性、高渗透性等特点，采用"浸渗法"将性能增强材料充分浸入至古灰浆中，以达到无损性能增强的目的。试件砌筑完毕后养护 28d，对试件采用改性环氧树脂、甲基丙烯酸甲酯进行性能增强施工，步骤如下：

① 注浆孔设置：根据砖石古建结构、浸渗操作方法等特点，在试件的一侧或两侧设置注浆孔，注浆孔主要设置在灰缝处。根据砌体组砌方式、砌块大小、古灰浆强度等因素确定注浆孔间距，注浆孔间距在 100～200mm 之间为宜，呈梅花状布孔。施工前应在灰缝处设置注浆孔，注浆孔采用手钻、普通钢钻头进行钻孔作业，市场上可选用钻头直径范围为 2～10mm，根据本次试验实际情况，选取钻头直径 $\varphi=4$mm，钻头长度根据墙体厚度进行选定，本次试件使用钻头有效长度有三种 200mm、350mm、450mm，本次试验所使用的钻头均使用采购定型产品，实际使用过程中可根据孔径、孔深要求对钻头进行定制。

② 浸渗装置：浸渗装置主要由注浆器、基座及滴管三部分组成。所使用的浆液材料为改性高分子材料，浆液具有流动性好、渗透性强等特点，使用注浆器将性能增强材料通过基座注入滴管中，浆液主要靠自重力浸入灰缝内，与灰缝融合。

滴管可采用钢管、PVC 管或亚克力空心管材，可根据现场实际情况进行选取。本课题试验选用 PVC 滴管，外径 $\varphi_{外}=2.5$mm，内径 $\varphi_{内}=1.5$mm，注浆管长度根据试验墙体厚度进行现场加工。使用前沿注浆管长度方向钻滴渗孔，孔径为 1～2mm，孔距为 10～30mm，采用台钻进行钻孔作业，如图 2-38 所示。

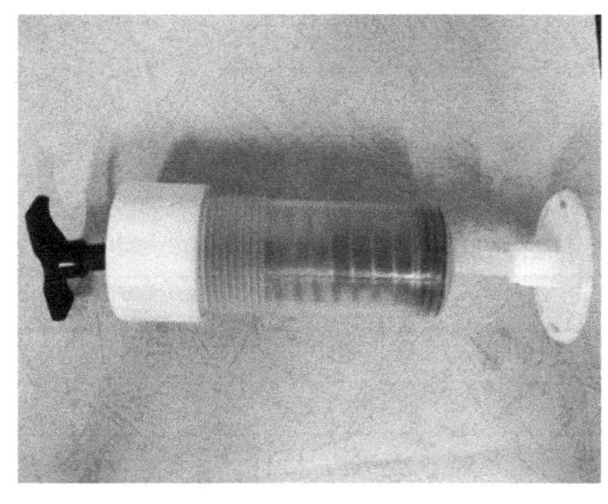

(a) 低压注浆器、基座

(b) 滴管

图 2-38　浸渗装置

③ 浸渗施工方法：采用注浆器缓慢将性能增强材料浆液注入滴管中或使其在自重下渗入注浆孔之中，待注浆孔溢出浆液，无法浸入后停止。施工顺序为由下向上、由两侧向中部进行施工。

④ 封口处理：待最后一次注浆完毕后，立刻采用黏土与性能增强材料混合泥向孔内填充，凝固后可与原灰浆固结为一体，采用细钢棒进行压实处理，每次填充深度约为50mm，“浸渗法”设备结构简单，施工工序简易，可操作性强。如图 2-39、图 2-40 所示。

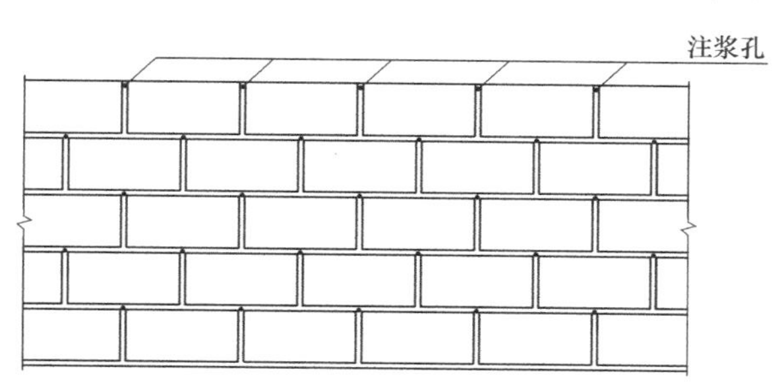

图 2-39 注浆孔位置示意图

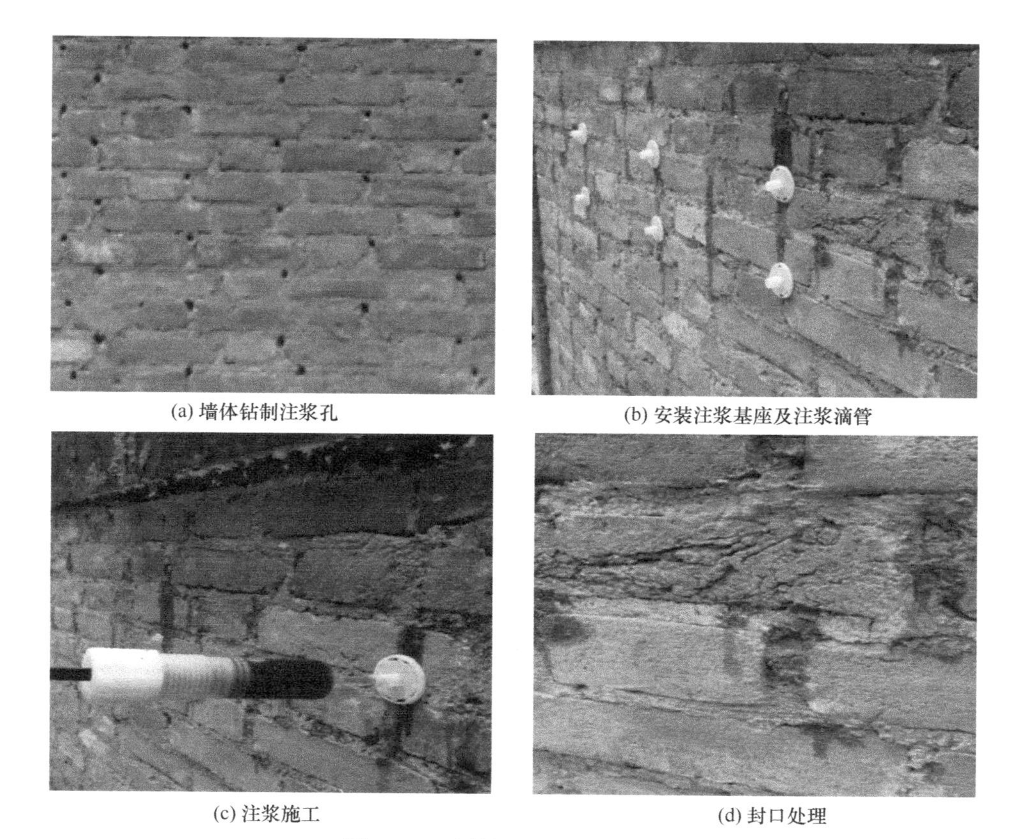

图 2-40 试件性能增强施工过程

（2）古砌体基材试件抗压强度试验结果

试件加载初期，试件基本处于弹性阶段，随着荷载的增加，裂缝首先出现在短边第一皮砖，灰缝内出现竖向细小裂缝，靠近中心线呈竖向开裂。首批裂缝出现以后，继续增大荷载，灰浆出现剥落现象，裂缝变宽变长，不断向下延伸，贯通若干皮砖，同时在长边侧面形成数条竖向裂缝。荷载不断增大，各侧面主裂缝贯通，砖裂声音变大，试件受压向外鼓胀，达到极限荷载以后，听到“嘣”的一声，试件呈现劈裂破坏，具有明显的脆性特征，古砌体基材试件抗压试验破坏形态如图 2-41 所示。

图 2-41　古砌体基材试件抗压试验破坏形态

根据《砌体基本力学性能试验方法标准》GB/T 50129—2011 中相关要求，单个标准砌体试件的轴心抗压强度 $f_{c,i}$，按式（2-3）进行计算，其计算结果取值精确至 0.01N/mm^2，古砌体基材试件轴心抗压强度试验结果见表 2-10。

$$f_{c,i}=\frac{N}{A} \tag{2-3}$$

式中：$f_{c,i}$ 为试件的抗压强度（N/mm^2）；N 为试件的抗压破坏荷载（N）；A 为试件的截面面积（mm^2）。

古砌体基材试件轴心抗压强度试验结果　　表 2-10

试件编号	破坏荷载(kN)	抗压强度(MPa)	抗压强度平均值(MPa)
SMC_1	199.80	2.23	2.27
SMC_2	204.24	2.30	
SMC_3	202.46	2.28	

（3）性能增强古砌体抗压强度试验结果

2 种性能增强古砌体破坏形态与基材试件基本相同，施荷初期，试件基本处于弹性阶段，随着荷载的增加，裂缝首先集中出现在试件的上部，灰缝内出现许多细微裂缝，随后产生竖向裂缝。采用改性环氧树脂及甲基丙烯酸甲酯修复以后试件裂缝出现时间较基材试件稍有延后，且裂缝前期发展较慢。继续增大荷载，裂缝变宽、变长，并向下延伸，各侧面裂缝发生贯通，砖劈裂声音变大，达到极限荷载后，试件也可听到“嘣”的一声，发生劈裂破坏，具有明显的脆性特性，如图 2-42 所示。性能增强古砌体试件轴心抗压强度试验结果见表 2-11。

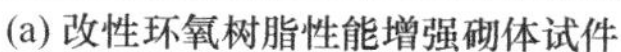

(a) 改性环氧树脂性能增强砌体试件

(b) 甲基丙烯酸甲酯性能增强砌体试件

图 2-42 性能增强古砌体试件抗压试验破坏形态

性能增强古砌体试件轴心抗压强度试验结果 **表 2-11**

试件编号	破坏荷载(kN)	抗压强度(MPa)	抗压强度平均值(MPa)
$SMCE_1$	285.05	3.21	3.19
$SMCE_2$	280.61	3.16	
$SMCE_3$	282.38	3.18	
$SMCM_1$	250.42	2.82	2.79
$SMCM_2$	243.31	2.74	
$SMCM_3$	247.75	2.79	

表 2-10 及表 2-11 试验结果表明，改性环氧树脂性能增强古砌体试件抗压强度平均值为 3.19MPa，较古砌体基材试件抗压强度提高了约 40.5%；甲基丙烯酸甲酯性能增强古砌体试件抗压强度平均值为 2.79MPa，较古砌体基材试件抗压强度提高了约 22.7%。根据以上试验结果，改性环氧树脂和甲基丙烯酸甲酯性能增强古砌体试件均有效提高砌体的轴心抗压强度，采用改性环氧树脂性能增强古砌体抗压强度较采用甲基丙烯酸甲酯幅度较大。

（4） 砌体抗压试件应力-应变曲线

砌体抗压试件应力-应变曲线如图 2-43 所示，加载初期，三种试件曲线均呈近似线型，处于弹性工作状态。随着荷载的增大，浸入改性环氧树脂或甲基丙烯酸甲酯后性能增强试件强度及变形均有一定程度的提高，采用改性环氧树脂修复试件性能提高最优，效果较好。

由于砌体是一种弹塑性材料，其应力与应变的关系一直发生变化，根据曲线，应取应力 σ 等于 $0.4f_{c,i}$ 的割线模量为该试件的弹性模量，按式（2-4）计算，计算结果如表 2-12 所示。

$$E=\frac{0.4f_{c,i}}{\varepsilon_{0.4}} \tag{2-4}$$

式中：E 为试件的弹性模量（N/mm^2）；$\varepsilon_{0.4}$ 为对应于应力为 $f_{c,i}$ 时的轴向应变值。

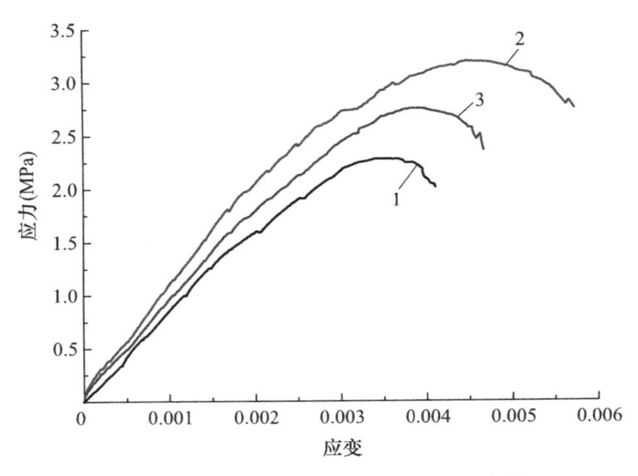

图 2-43　砌体抗压试件应力-应变曲线

1—SMC 试件；2—SMCE 试件；3—SMXM 试件

砌体计算弹性模量值　　　**表 2-12**

试件组别	抗压强度(MPa)	弹性模量(MPa)
SMC	2.27	852
SMCE	3.19	1080
SMCM	2.79	942

由表 2-12 可以得出，与基材试件相比，用改性环氧树脂修复以及甲基丙烯酸甲酯修复的砌体试件弹性模量分别提高了 26.7%和 10.7%。采用改性环氧树脂修复弹性模量提高较大。

2.3.3　古砌体试件抗剪强度试验

(1) 古砌体抗剪试件的制作与加荷制度

1) 古砌体抗剪试件的制作

根据国家标准《砌体基本力学性能试验方法标准》GB/T 50129—2011 中相关规定，普通砖的砌体抗剪试件，应采用由 9 块砖组成的双剪试件，如图 2-44 所示。为了保证本次抗剪试验与抗压试验结果的一致性，本次抗剪试件砌筑与抗压试验一同砌筑，采用与抗压强度试验同批材料与砌筑人员。在砌筑试件时保证竖向灰缝填充饱满，同时在试件砌筑完毕后，采用覆盖塑料薄膜进行保湿养护。砌体抗剪强度试验试件分组见表 2-13，普通砖砌体双剪试件如图 2-45 所示。

砌体抗剪强度试验试件分组　　　**表 2-13**

试件类型	分组编号
古砌体基材	SMS_1～SMS_3
改性环氧树脂性能增强	$SMSE_1$～$SMSE_3$
甲基丙烯酸甲酯性能增强	$SMSM_1$～$SMSM_3$

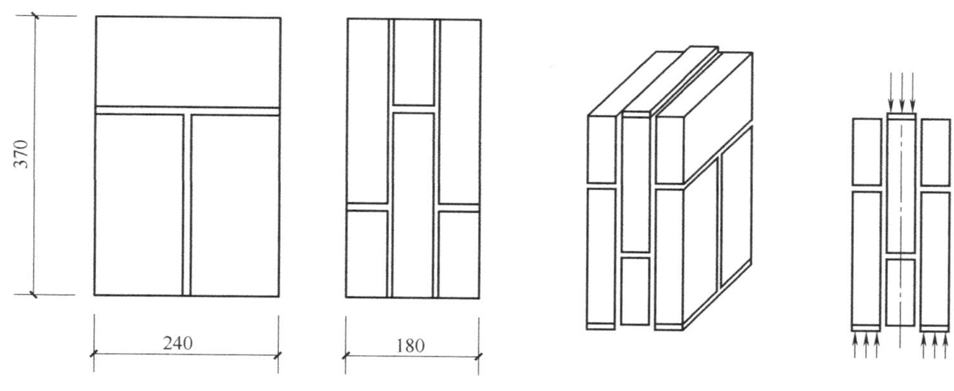

图 2-44 普通砖砌体双剪试件及其受力情况示意图

2）砌体抗剪强度试验加荷制度

试验过程中，将砌筑好砖砌体抗剪试件立放在试验机下压板上，试件的中心与试验机上、下压板轴线重合，同时试验机上、下压板与试件之间紧密结合。试验采用匀速连续加荷方法，避免加载过大对试件产生冲击荷载。加荷速度控制在 1～3min 内破坏。当有一个受剪面被剪坏即认为试件破坏，此时荷载为试件破坏荷载值。

图 2-45 普通砖砌体双剪试件

（2）基材试件抗剪强度试验结果

试件加载初期，试件处于弹性阶段，灰浆与砖砌块连接界面没有开裂迹象，随着荷载的增加，灰浆与砖的连接界面出现细微裂缝，裂缝位置主要位于试件的上部。继续增加荷载，连接界面裂缝向试件中部开展，裂缝宽度明显增大，最终单侧发生剪切破坏，连接界面被剪断，与试件脱离。基材试件试验及破坏状态如图 2-46 所示。

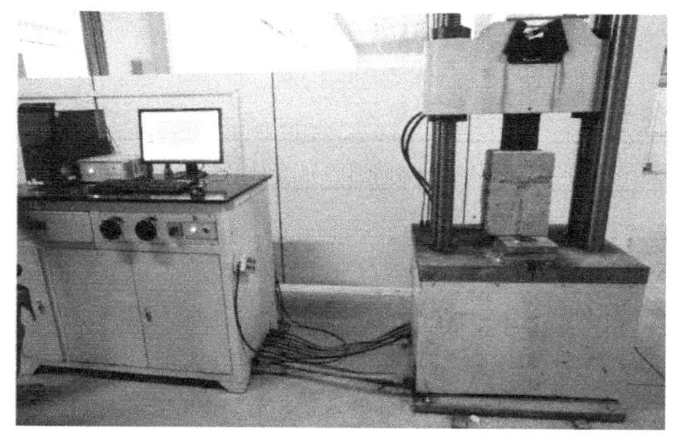

图 2-46 基材试件试验及破坏状态

根据《砌体基本力学性能试验方法标准》GB/T 50129—2011 中相关要求，单个试件沿通缝截面的抗剪强度 $f_{v,i}$，按式（2-5）进行计算，计算结果见表 2-14。根据规范要求，计算结果取值精确至 $0.01N/mm^2$，由于砌体抗剪强度较小，为了保证试验结果的准确性，本试验抗剪强度取值精确至 0.001N/mm^2：

$$f_{v,i}=\frac{N_v}{A} \tag{2-5}$$

式中：$f_{v,i}$ 为试件沿通缝截面的抗剪强度（N/mm^2）；N_v 为试件的抗剪破坏荷载值（N）；A 为试件的一个受剪面的面积（mm^2）。

基材砌体试件抗剪强度试验计算结果　　表 2-14

试件编号	破坏荷载(kN)	抗剪强度(MPa)	抗剪强度平均值(MPa)
SMS_1	4.32	0.048	0.045
SMS_2	3.73	0.042	
SMS_3	4.05	0.046	

（3）性能增强古砌体抗剪强度试验结果

性能增强古砌体抗剪强度试验破坏过程与基材试件基本相同，在试件加载初期，试件处于弹性阶段，灰浆与砖砌块连接界面没有开裂现象，随着试验荷载的增加，灰浆与砖的连接界面出现细微裂缝并随着荷载的增加而变宽，最终单侧发生剪切破坏，连接界面被剪断，与试件脱离，破坏形态如图 2-47 所示，抗剪强度试验结果见表 2-15。

图 2-47　性能增强古砌体试件抗剪破坏形态

性能增强古砌体试件抗剪强度试验结果　　表 2-15

试件编号	破坏荷载(kN)	抗剪强度(MPa)	抗剪强度平均值(MPa)
$SMSE_1$	4.65	0.052	0.050
$SMSE_2$	4.37	0.049	
$SMSE_3$	4.39	0.049	
$SMSM_1$	4.55	0.051	0.048
$SMSM_2$	4.05	0.046	
$SMSM_3$	4.29	0.048	

根据以上试验结果，浸入改性环氧树脂性能增强古砌体试件抗剪强度平均值为 0.050MPa，较古砌体基材试件抗剪强度提高约 11.0%；浸入甲基丙烯酸甲酯性能增强古砌体试件抗剪强度平均值为 0.048MPa，较古砌体基材试件抗剪强度提高约 6.0%。浸入

改性环氧树脂和甲基丙烯酸甲酯性能增强浆液后古砌体试件抗剪强度均有所提高，相比较性能增强古砌体抗压试验结果，性能增强古砌体抗剪强度增加幅度小于抗压强度增加幅度。

2.3.4 古砌体单轴受压本构关系

（1）现有砌体单轴受压关系表达式

国内外各学者对于砌体单轴受压本构关系表达式各有不同，比较有代表性的如下所述。

20 世纪 30 年代苏联奥尼西克教授提出了对数型表达式：

$$\varepsilon=-\frac{1.1}{\xi}\ln\left(1-\frac{\sigma}{1.1f_{k}}\right) \tag{2-6}$$

式中：ξ 为与砌体类别和砂浆强度有关的弹性特征值，f_k 为砌体抗压强度标准值。

后来，我国施楚贤教授在上式的基础上，对 87 个砖砌体的试验资料的统计分析结果，提出了以砌体抗压强度的平均值 f_m 为基本变量的砌体应力-应变关系式：

$$\varepsilon=-\frac{1.1}{\xi\sqrt{f_{m}}}\ln\left(1-\frac{\sigma}{f_{m}}\right) \tag{2-7}$$

该式能够比较全面地反映砖强度和砂浆强度及其变形对砌体变形的影响，得到工程界的广泛应用，但该式只能表达应力-应变曲线上升段，且当 σ 趋近于 f_m 时，ε 趋近于∞，这与实际情况不相符。

同济大学朱伯龙根据试验结果，提出了两段式本构关系：

$$\frac{\sigma}{f_{m}}=\begin{cases}\dfrac{\varepsilon/\varepsilon_{0}}{0.2+0.8\varepsilon/\varepsilon_{0}}, \varepsilon\leqslant\varepsilon_{0}\\ 1.2-0.2\varepsilon/\varepsilon_{0}, \varepsilon>\varepsilon_{0}\end{cases} \tag{2-8}$$

Turnsek 等人提出了抛物线型的砌体本构关系表达式：

$$\frac{\sigma}{\sigma_{max}}=6.4\left(\frac{\varepsilon}{\varepsilon_{0}}\right)-5.4\left(\frac{\varepsilon}{\varepsilon_{0}}\right)^{1.17} \tag{2-9}$$

式中：σ_{max} 为最大压应力；ε_0 为最大压应力对应的应变值。

Powell 和 Hodgkinson 提出的表达式与式（2-8）相似：

$$\frac{\sigma}{\sigma_{max}}=2\left(\frac{\varepsilon}{\varepsilon_{0}}\right)-\left(\frac{\varepsilon}{\varepsilon_{0}}\right)^{2} \tag{2-10}$$

Mada A 等人套用混凝土的方法表达了砌体受压本构关系：

$$\sigma=\frac{\sigma_{max}(\varepsilon/\varepsilon_{0})\gamma}{\gamma-1+(\varepsilon/\varepsilon_{0})} \tag{2-11}$$

式中：γ 为非线性参数。

式（2-11）比较全面地反映了砌体受压时应力-应变关系的特点，但是公式过于繁琐，对不同砌体材料的拟合情况仍有待研究。

（2）古砌体单轴受压本构关系

本试验的三组试件实测应力-应变拟合曲线如图 2-48 所示，A 组为古砌体基材试件，B 组为改性环氧树脂性能增强古砌体试件，C 组为甲基丙烯酸甲酯性能增强古砌体试件。

采用 Turnsek 等人提出的抛物线型的本构模型进行拟合：

$$\frac{\sigma}{\sigma_0}=a\left(\frac{\varepsilon}{\varepsilon_0}\right)-b\left(\frac{\varepsilon}{\varepsilon_0}\right)^c \tag{2-12}$$

式中：σ_0 为最大压应力；ε_0 为最大压应力对应的应变值。

利用 Origin 软件对试验数据进行拟合处理，所得应力-应变曲线如图 2-48 所示，式中系数 a、b、c 取值如表 2-16 所示，所得方程分别为：

$$\frac{\sigma}{\sigma_0}=1.24\left(\frac{\varepsilon}{\varepsilon_0}\right)-0.25\left(\frac{\varepsilon}{\varepsilon_0}\right)^{4.54} \tag{2-13}$$

$$\frac{\sigma}{\sigma_0}=1.57\left(\frac{\varepsilon}{\varepsilon_0}\right)-0.58\left(\frac{\varepsilon}{\varepsilon_0}\right)^{2.79} \tag{2-14}$$

$$\frac{\sigma}{\sigma_0}=1.36\left(\frac{\varepsilon}{\varepsilon_0}\right)-0.34\left(\frac{\varepsilon}{\varepsilon_0}\right)^{3.94} \tag{2-15}$$

可以看出，拟合公式与试验值符合较好，可将所得公式作为高分子修复的古建筑砌体单轴受压本构关系表达式。

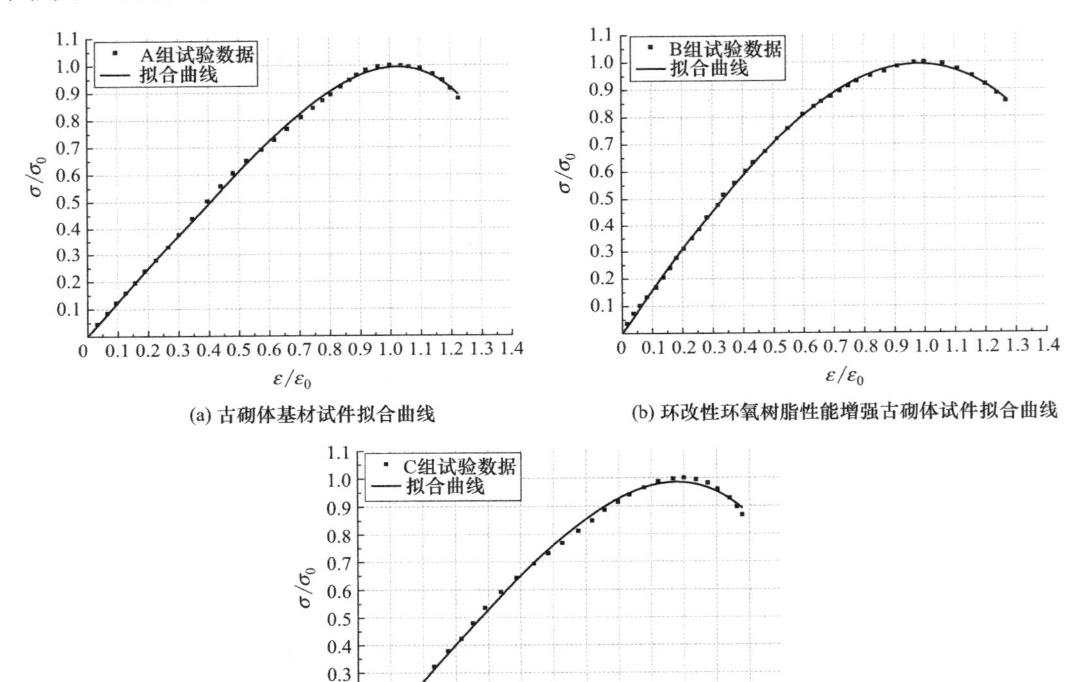

(a) 古砌体基材试件拟合曲线

(b) 环改性环氧树脂性能增强古砌体试件拟合曲线

(c) 甲基丙烯酸甲酯性能增强古砌体试件拟合曲线

图 2-48　应力-应变拟合曲线

根据式（2-13）求得古砌体基材试件弹性模量为：

$$E=\left.\frac{d\sigma}{d\varepsilon}\right|_{\varepsilon=0}=\frac{1.24}{\varepsilon_0}f_m=836\text{MPa}$$

根据式（2-14）求得改性环氧树脂性能增强古砌体试件弹性模量为：

$$E=\left.\frac{d\sigma}{d\varepsilon}\right|_{\varepsilon=0}=\frac{1.57}{\varepsilon_0}f_m=1107\text{MPa}$$

根据式（2-15）求得甲基丙烯酸甲酯性能增强古砌体试件弹性模量为：

$$E=\left.\frac{d\sigma}{d\varepsilon}\right|_{\varepsilon=0}=\frac{1.36}{\varepsilon_0}f_m=972\text{MPa}$$

砌体应力-应变拟合公式系数 **表 2-16**

组别	*a*	*b*	*c*
古砌体基材试件	1.24	0.25	4.54
改性环氧树脂性能增强古砌体试件	1.57	0.58	2.79
甲基丙烯酸甲酯性能增强古砌体试件	1.36	0.34	3.94

2.4 本章小结

本章通过对模拟古灰浆、砌体和性能增强古灰浆、砌体的力学性能对比试验，研究了浸入性能增强材料对古灰浆和砌体的试验过程及性能参数的变化状况，可以得到以下结论：

（1）在古灰浆立方体试块抗压试验过程中，古混合灰浆、古糯米灰浆的整体破坏过程和破坏形态较为相似，古麻刀灰浆试块在试验过程中整体性较好，由于有麻刀丝的作用，未有劈裂现象发生。分析试验结果，分别浸入三种性能增强材料后立方体试块抗压强度均有不同程度的提高，其中改性环氧树脂及甲基丙烯酸甲酯对古灰浆试件立方体抗压强度的加强效果较好。

（2）在古灰浆棱柱体单轴受压试验过程中，三种古灰浆棱柱体试块均发生了劈裂破坏，破坏过程及形态较为相似。分析试验结果，分别浸入三种性能增强材料后棱柱体试块的峰值应力、峰值应变、极限应变及弹性模量均有所增加，古糯米灰浆、古麻刀灰浆掺加改性环氧树脂后棱柱体单轴受压试验各项性能指标提高较多、改善效果较好。

（3）根据古砌体试件抗压强度试验，“浸渗法”浸入改性环氧树脂及甲基丙烯酸甲酯性能增强后古砌体试件较基材试件抗压强度、弹性模量等有一定程度的提高，其中抗压强度分别提高了约 40.5%、22.7%。分析试验结果，采用改性环氧树脂性能增强后古砌体的性能改善较好。

（4）根据古砌体试件抗剪强度试验，浸入改性环氧树脂、甲基丙烯酸甲酯后古砌体试件抗剪强度较古砌体基材试件分别提高了 11.0%、6.0%。相比较性能增强古砌体抗压强度，性能增强后砌体抗剪强度增幅小于抗压强度增幅。

（5）根据对砌体抗压试验结果，拟合出了古砌体基材、浸入改性环氧树脂或甲基丙烯酸甲酯的古砌体的应力-应变曲线，建立了相应的本构模型。

第3章 无损性能增强墙体抗震性能试验

3.1 引言

砖石结构古建筑依靠砌缝中的灰浆将砖石砌块粘结在一起，经历了千百年的风吹雨打及人为损害，砌筑灰浆材质劣化，灰浆的强度和粘结力降低甚至消失，在外力作用下结构会发生损坏甚至于发生倒塌。因此，提高灰浆的强度和粘结力对于砖石结构古建性能增强来说是非常重要的。为了更好地还原砖石古建结构特性，本次试验所使用墙片均采用老青砖和古糯米灰浆进行砌筑，采用“浸渗法”将性能增强材料浆液浸入墙片灰浆中，进行了低周反复拟静力试验，研究了古砌体墙体和性能增强古砌体墙体在地震作用下的破坏机理，分析了试件的开裂荷载、破坏荷载、恢复力特性和耗能性能，建立了相应的恢复力模型，确定了试件的等效阻尼比。

3.2 试验方案及试件的制作

3.2.1 试验材料的选取

(1) 砖砌块

本次试验所采用的砌块为从20世纪50年代建筑物上拆除的青砖（图3-1），砖砌块尺寸为240mm×115mm×53mm，砖砌块材料的抗压强度在西北农林科技大学建筑工程试验室进行。

(2) 砌筑灰浆

为了更好地还原砖石古建结构特性，本次墙体抗震性能试验灰浆采用砖石古建结构中常用的古糯米灰浆，制作方法与进行砌体基本力学试验一致。糯米灰浆中灰与土的体积比为5∶5，在搅拌下将生石灰缓缓加入水中，成浆后与黄土拌合，焖8h后再进行试块的制作，将糯米粉跟水混合煮沸后去除里面的不溶物，掺入10%浓度的糯米浆，用电动搅拌装置拌合均匀。

图3-1 墙体试验用砖砌块（青砖）

3.2.2 试验方案及试件的制作

(1) 试验方法、目的

该次墙体抗震性能试验拟对墙体构件采用低周反复拟静力试验方法，用以确定“浸渗法”浸入无损性能增强材料后古墙体的耗能能力、变形能力等变化特点。低周反复拟静力试验又称低周反复荷载试验，是指对结构或结构构件施加多次往复循环作用的静力试验，是使结构或结构构件在正反两个方向重复加载和卸载的过程，用以模拟地震时结构在往复振动中的受力特点和变形特点。通过该试验建立墙体构件在地震作用下的恢复力特性，确定其恢复力的计算模型，通过试验所得的滞回曲线和曲线所包围的面积求得结构的等效阻尼比，衡量结构的耗能能力，同时还可得到骨架曲线、破坏机理等信息。

试验目的在于通过对古灰浆基材墙体和性能增强古灰浆墙体进行低周反复拟静力试验研究，得出各墙体试件的破坏形态、抗剪承载力、滞回曲线、骨架曲线、刚度及刚度退化曲线、延性性能等数据，对试验数据进行比对，分析、验证分别浸入改性环氧树脂或甲基丙烯酸甲酯性能增强古灰浆墙体的各项性能指标。分别制作了240mm、370mm、490mm三种厚度的古灰浆墙体试件，对比分析不同墙厚浸入改性环氧树脂或甲基丙烯酸甲酯后性能增强古灰浆墙体变化规律。

(2) 试件设计与制作

本次墙体试验砌筑灰浆采用糯米灰浆，砖砌块采用老青砖。试验采用三种厚度的墙体试件（240mm、370mm、490mm），墙体尺寸（厚×高×长）分为240mm×1200mm×1800mm、370mm×1200mm×1800mm、490mm×1200mm×1800mm。墙体试件的上端设置钢筋混凝土顶梁，下端设置钢筋混凝土基座，如图3-2所示。根据本次试验的目的，对墙体试件按照墙体厚度及无损修复材料的不同进行分组，墙体试件分组情况见表3-1。

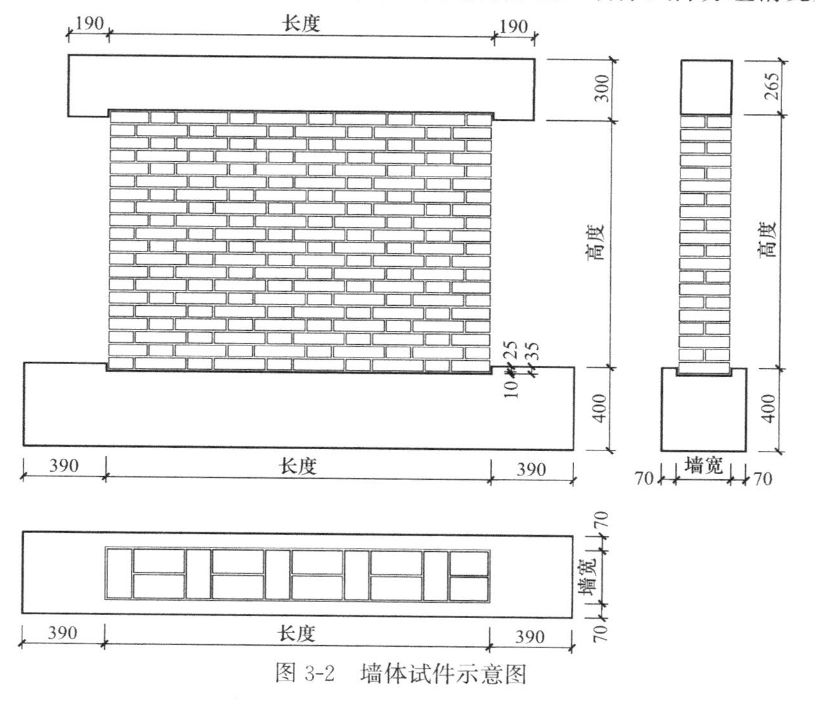

图3-2 墙体试件示意图

墙体试件分组情况　　表 3-1

古灰浆墙体材料	古灰浆墙体	改性环氧树脂性能增强墙体	甲基丙烯酸甲酯性能增强墙体	试件尺寸(mm) ($t\times h\times l$)
砌块:老青砖 灰浆:古糯米灰浆	W11	W12	W13	240×1200×1800
	W21	W22	W23(吊装损坏)	370×1200×1800
	W31	W32	W33	490×1200×1800

试验试件的制作严格按照《砌体结构工程施工规范》GB 50924—2014 及《砌体结构工程施工质量验收规范》GB 50203—2011 中相关要求进行砌筑并进行质量控制。砖砌体的灰缝保证横平竖直、厚度均匀，水平灰缝厚度和竖向灰缝厚度为 10mm，误差尺寸控制在±2mm。砌筑试件前一天，对砖采用浇水润湿，保证砌筑用砖的相对含水率在 60%～70%之间。砌筑时采用“三一”砌筑法，即一块砖、一铲灰、一挤揉，并随手将挤出的灰浆刮去。施工中砌体灰缝的灰浆密实饱满，砖墙水平灰缝饱满度不小于 90%，竖缝采用挤浆方法进行填充，不出现透明缝、瞎缝和假缝现象。

由于所采用古灰浆为古糯米灰浆，自身强度较低。为了提高基座与底层砖砌块之间的粘结力，防止加载过程中底部产生滑移，砌筑时将基座顶面凿毛处理，基座与底层一皮砖之间采用 M5 水泥砂浆进行砌筑，如图 3-3 所示。试验前采用白色石灰浆在试件表面进行涂刷，以便试验过程对墙体试件裂缝等现象的查看。

(a) 筛除土中杂质

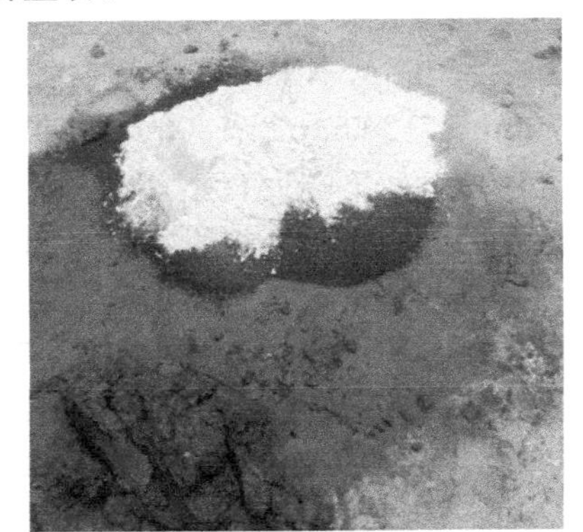

(b) 糯米灰浆制作

(c) 基座的制作

(d) 试件的砌筑过程(一)

图 3-3　试件制作流程（一）

(e) 试件的砌筑过程(二)

(f) 墙体试件砌筑完成

图 3-3 试件制作流程（二）

（3）墙体试件拟静力试验装置

本试验在西安建筑科技大学结构试验室进行，竖向荷载采用千斤顶通过反力刚架施加，水平低周反复荷载采用电液伺服作动器施加，采用计算机进行试验控制和数据采集，试验装置如图 3-4、图 3-5 所示。为防止试验过程中墙片发生转动或者侧向移动，在试件底梁两侧安装有钢压梁，并通过地锚螺栓固定在试验室地槽中。加载梁上的水平连接装置通过端板与作动器连接，从而提供水平荷载。竖向荷载由固定在反力梁上的油压千斤顶提供，为使竖向荷载作用在加载梁中心且与试件同步变形，将滑动支座安装在反力梁上。在千斤顶与试件之间放置一个钢梁，使得千斤顶提供的集中力能够均匀地施加在试件上。

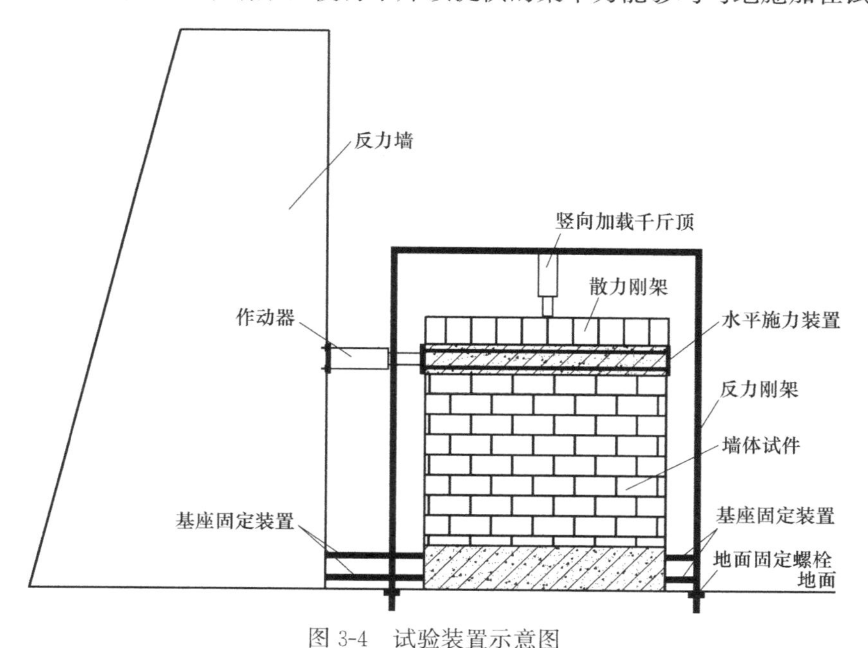

图 3-4 试验装置示意图

（4）测试内容及测点布置方案

本试验是对不同厚度的古灰浆基材墙体及性能增强古灰浆墙体进行低周反复拟静力试

图 3-5　墙体试件拟静力试验

验研究，得出墙体试件的破坏形态、抗剪承载力、滞回曲线、骨架曲线等，所以本次试验测试内容包括：墙体试验过程中破坏过程记录及裂缝形态的描绘、开裂荷载、极限荷载、墙体水平位移等。

加载测试过程中，将瞬时荷载和位移值通过数据采集仪将同步数据进行记录，输入到 X-Y 函数记录仪上，绘制出墙体构件的滞回曲线。在墙体最顶部第一皮砖的中间位置布置位移计（图 3-6 中测点 1），测试墙体位移；在顶梁端部中间位置布置水平方向位移计（图 3-6 中测点 2），测得梁顶部水平位移值；为了消除试件整体平移的影响，在同侧地梁端部也布置水平方向位移计（图 3-6 中测点 3），二者之差为实际墙顶水平位移值；安装在地梁两侧的竖向位移计（图 3-6 中测点 6、7）可观测墙体的转动；在试件下部 1m 范围内沿 45°对角线方向各安装一个位移计（图 3-6 中测点 4、5），测量试件的剪切变形，如图 3-6 所示。

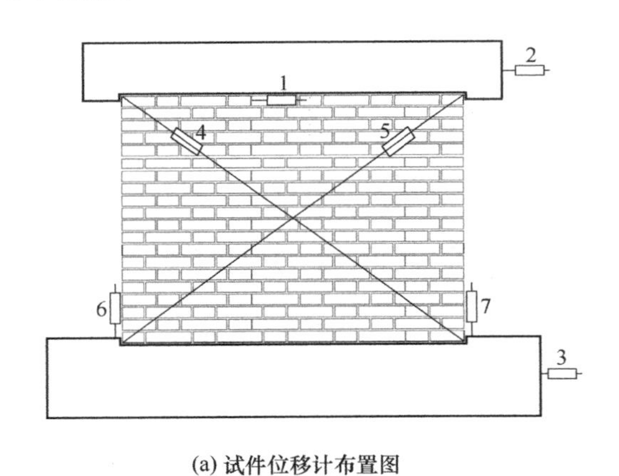

(a) 试件位移计布置图

(b) 测点布置实状

图 3-6　测点布置图

（5）加荷制度

为模拟结构或构件在遭遇地震时反复受到荷载作用的情形，根据控制方法的不同，常用的加载方法有控制位移加载法、控制作用力加载法、控制作用力和位移的混合加载法三种。

控制位移加载法是在加载过程中以位移为控制值，或以屈服位移的倍数作为加载的控制值。这里位移的概念是广义的，它可以是线位移，也可以是转角、曲率或应变等相应的参数。当试验对象具有明确的屈服点时，一般都以屈服位移的倍数为控制值。当构件不具有明确的屈服点时（如轴力大的柱子）或无屈服点时（无筋砌体），可主观制订一个认为恰当的位移标准值 Δ^0 来控制试验加载。

控制作用力加载法是通过控制施加于结构或构件的作用力数值的变化来实现低周反复加载的要求。由于不如控制位移加载法那样直观地可以按试验对象的屈服位移的倍数来研究结构的恢复力特性，所以在实践中这种方法使用得比较少。

控制作用力和位移的混合加载法是先控制作用力再控制位移加载。先控制作用力加载时，不管实际位移是多少，一般是经过结构开裂后逐步加上去，直加到屈服荷载，再用位移控制。开始施加位移时要确定标准位移 Δ^0，它可以是结构或构件的屈服位移，在无屈服点的试件中，Δ^0 由研究者自定数值。在转变为控制位移加载起，即按 Δ^0 值的倍数 μ 值控制，直到结构破坏。

本试验采用拟静力试验方法，使用控制作用力和位移的混合加载法，加载方式严格按《建筑抗震试验规程》JGJ/T 101—2015 进行。试验开始前，首先对墙体试件施加竖向荷载，接着施加试件预估开裂荷载 20%的水平荷载对试件进行预加载以测试试验装置的运行情况，并重复两次，各装置工作正常即可开始正式加载。在试件开裂前，采取荷载控制并分级加载，极差为预估计极限荷载值的 10%，当观察到墙体开裂后采用变形控制，变形值取墙体开裂时的最大位移，并以该位移值的倍数为极差进行控制加载，直至墙体破坏。

试验加载时，先在墙体顶部加至满载，后分两次施加水平荷载，根据材料强度计算得出墙体开裂荷载约为 700kN。根据规范要求，砌体结构试件预加荷载值不宜超过开裂荷载计算值的 20%，第一次预加载施加力为 80kN，第二次预加载施加力为 135kN。为了保证竖向荷载的稳定，在试验全过程观察电阻应变仪上的竖向荷载的数值并适时调整。

试验前，在试件顶部预加载 10kN 水平荷载，反复推拉两次，对墙体试件受荷情况进行观察，查看墙体有无弯曲、扭转等变形情况，同时查看加载装置状态是否正常，连接节点是否存在松动等情况，电液伺服系统工作状态是否正常，各种仪表、传感器、采集仪是否工作正常。试验开裂前的分级加载按 10kN 逐级递增，每级循环一次。试件开裂后的分级加载按位移控制，每级增加 $1\Delta^1$（墙体开裂位移），每级循环两次（Δ^1、Δ^2）。达到极限荷载后，继续按位移控制加载，直至墙体破坏，彻底丧失承载力。

3.3 墙体试件试验及结果分析

3.3.1 墙体试件试验

（1）W11 墙体试件（墙厚 240mm，古灰浆基材墙体）试验过程

W11 墙体试件试验过程中，当施加水平作用力小于 30kN，几乎没有参与变形，试件刚度几乎未有变化。当水平作用力大于 30kN 后，卸载时滞回曲线开始出现一定的弯曲，说明试件进入弹塑性阶段。当水平作用力为＋30kN 时，墙体右下角第一皮砖与第二皮砖

之间（即第一层灰缝）出现水平裂缝，由外侧向里开展，长度约为 360mm。反向加载至 −30kN 时，墙体左下角第三皮砖与第四皮砖之间（即第三层灰缝）外侧出现水平裂缝，沿灰缝成阶梯状向第一层灰缝发展。

试件开裂后，取开裂位移 1.4mm 控制分级加载。继续对试件进行加载，当荷载加至墙体水平侧移为 $+2\Delta^1$（表示 2 倍的开裂位移，上角标 1 表示第一次循环加载）时，墙体中部水平灰缝中出现少量斜裂缝，呈左上向右下方向；$-2\Delta^2$ 时，墙体中部已有裂缝继续开展，右上第六层水平灰缝中出现斜向裂缝，右上第三皮砖灰缝中产生竖向裂缝，呈阶梯状向左下发展至第五皮砖灰缝中；$-3\Delta^1$ 时，墙体右上第一层灰缝出现水平裂缝，呈阶梯状沿灰缝发展至第三层水平灰缝中。原有裂缝继续开展，中部竖向灰缝中出现大量裂缝，与原有裂缝相连接，分布广泛，多贯通两皮砖灰缝高度；$+4\Delta^1$ 时，墙体中部第八层灰缝中出现一条水平裂缝，呈阶梯状向右下发展至第六层灰缝，长为两砖长度，右下侧未出现明显裂缝；$-4\Delta^1$ 右上竖向灰缝中出现两条长为两皮砖厚的斜向裂缝，在水平灰缝中出现大量短小斜裂缝。中部裂缝向左下沿灰缝呈阶梯状开展较快；$+4\Delta^2$ 时，左上第三层灰缝中出现水平裂缝，向右下方向呈阶梯状发展至第五层灰缝；$-4\Delta^2$ 时，左下第一皮最外侧砖出现斜向细微裂缝，砖产生开裂，右上第一层水平灰缝内出现水平裂缝，且沿竖向灰缝向右下发展，与前面裂缝相接；$+5\Delta^1$ 时，左上第一层灰缝出现水平裂缝，且沿灰缝呈阶梯状发展，与 $+4\Delta^2$ 产生的裂缝左上相接，在 $+4\Delta^2$ 裂缝右下继续开展，中部裂缝增多；$+6\Delta^1$ 时，墙体有砖崩裂声响，右下第一皮、第七皮，各有一砖出现斜向裂缝；$-6\Delta^1$ 时，试验过程中左下起皮掉渣严重，伴随较大声响，墙体左下裂缝贯通，从下第一层灰缝到第九层灰缝；$+6\Delta^2$ 时，原有裂缝不断开展变宽，右下出现起皮掉渣现象，试验过程中砖裂声音变大，右下第三、四、五、八皮均有一块砖产生裂缝，且相连形成了一条斜裂缝；$+7\Delta^1$ 时，墙体左上方主推裂缝形成，呈阶梯状，右下方产生一条新的斜向裂缝；$-7\Delta^2$ 时，墙体左下方主拉裂缝产生，裂缝最宽为 5mm，右上主拉裂缝产生，裂缝最宽为 3mm；随后进行推拉循环加载，直至试件破坏，最终裂缝成 X 形，墙体为剪切破坏，推拉裂缝相交于第八皮砖中部竖向裂缝，主推裂缝上部呈阶梯状，下半部分为斜裂缝，主拉裂缝基本沿灰缝呈阶梯状。W11 墙体试件最终破坏形态如图 3-7 所示。

图 3-7　W11 墙体试件最终破坏形态

（2）W12 墙体试件（墙厚 240mm、改性环氧树脂性能增强墙体）试验过程

在墙体加载初期，施加水平作用力小于 40kN 时，此时墙体处于弹性阶段，未发现有变形现象，刚度变化也很小。水平作用力大于 40kN 后，墙体试件底皮砖侧面灰缝首先出现水平裂缝。

取开裂位移 1.1mm 控制分级加载，当荷载加至墙体水平侧移为 $+2\Delta^1$（表示 2 倍的开裂位移，上角标 1 表示第一次循环加载）时，墙体左下水平裂缝持续向右开展，长度约为 450mm；$+3\Delta^1$ 时，墙体左上第三层灰缝中出现水平裂缝，沿灰缝开展至第四层灰缝中，墙体中部下数第七、九、十皮砖竖向灰缝中出现竖向裂缝；$-3\Delta^1$ 时，墙体右上第一层灰缝出现水平裂缝，墙体中部上第六层灰缝中出现长约 120mm 的水平裂缝，沿灰缝阶梯状向左下方向开展至第八层灰缝；$+3\Delta^2$ 时，墙体左上第六皮砖竖向灰缝中出现竖向裂缝，第七层灰缝中出现水平裂缝沿灰缝阶梯状发展至第九层灰缝；$-4\Delta^1$ 时，试验过程中出现起皮掉渣现象，裂缝增多，墙体右上第四层灰缝出现水平裂缝，沿灰缝开展至第六层灰缝，左下第六、七皮砖竖向灰缝中出现竖向裂缝；$+4\Delta^2$ 时，墙体左上第一层裂缝沿灰缝阶梯状发展与第三层中裂缝相连接，原有裂缝持续发展，右下第三皮砖竖向灰缝中出现斜向裂缝，第六层灰缝产生水平裂缝向下呈阶梯状发展至第四层；$-4\Delta^2$ 时，右上第七皮砖竖向灰缝中出现竖向裂缝，左下第七皮砖竖向灰缝中出现斜向裂缝，向下发展长约两皮砖厚，第四层灰缝出现水平裂缝，沿竖向灰缝向右下发展至第三层灰缝，原有裂缝不断发展；$+5\Delta^2$ 时，墙体左上主推裂缝出现，右下第四层灰缝出现水平裂缝，沿灰缝向右下发展至第一层灰缝，墙体中部下第十皮砖竖向灰缝中出现三条竖向裂缝；$-5\Delta^2$ 时，墙体右上第一层水平裂缝沿灰缝呈阶梯状向左下发展与原有裂缝相连接，右上主拉裂缝基本形成，左下第三层裂缝继续向下开展至第一层灰缝，左下主拉裂缝形成，主裂缝外侧竖向裂缝增多；$+6\Delta^1$ 时，墙体开裂声音变大，起皮掉渣严重，右下第一、七皮砖，中部第八皮各有一砖产生竖向裂缝，裂缝宽度最大处约为 4mm；$+6\Delta^2$ 时，右下主推裂缝形成，墙体开裂严重，最宽处约为 6mm；$-6\Delta^2$ 时，墙体崩裂声音变大，掉渣现象严重，左下角被砖被压裂。随后进行推拉循环加载，直至试件破坏，最终裂缝基本成 X 形，墙体为剪切破坏，推拉裂缝相交于下数第十皮砖中间，裂缝基本沿灰缝呈阶梯状开展。W12 墙体试件最终破坏形态如图 3-8 所示。

图 3-8　W12 墙体试件最终破坏形态

（3） W13 墙体试件（墙厚 240mm、甲基丙烯酸甲酯性能增强墙体）试验过程

先期荷载较小时，试件基本处于弹性阶段，试件上未现明显的开裂现象。当荷载增加至约 40kN 时，通过滞回曲线可以看出，试件有明显的残余变形，试件进入弹塑性阶段。荷载达到 40kN 时，墙体左下角第二皮砖与第三皮砖之间（即第二层灰缝）出现细微水平裂缝；反向加载后墙体右下角第一皮砖与第二皮砖之间（即第二层灰缝）出现细微水平裂缝。

试件的开裂位移为 2.2mm，采用 $\Delta=2.2$mm 控制分级加载。加载至 $+2\Delta^1$ 时，墙体中部水平灰缝中出现五条斜向短裂缝，呈左上向右下开展；$-2\Delta^1$，墙体左下第二层灰缝裂缝缝宽约为1.5mm，同时向第一层灰缝开展。墙体中部第八层灰缝中出现水平裂缝，同时左下水平灰缝中产生较多细微斜向裂缝；$+3\Delta^1$时，墙体中部裂缝增多，多为水平灰缝中斜向裂缝，右下方第四、五皮砖竖向灰缝中出现竖向裂缝；$-3\Delta^1$时，墙体右上第三层灰缝出现水平裂缝，沿墙体灰缝向左下呈阶梯型发展至第八层灰缝，开展较长，贯穿5层灰缝。墙体中部及左下竖向灰缝中出现较多斜向裂缝，多为两层灰缝贯穿发展；$+4\Delta^1$时，墙体左上第一层灰缝出现裂缝，沿墙体灰缝向右下方呈阶梯型发展，到第四层水平灰缝，右下方原有裂缝发展成一条较长阶梯型细微裂缝，由下数第三层灰缝到第七次灰缝；$-4\Delta^1$时，出现细碎声响，右下第一皮及第二皮最外侧砖出现裂缝，由右上第三层灰缝到左下第一层灰缝裂缝完全贯通，裂缝最宽处为4mm，主拉裂缝形成；$+4\Delta^2$时，左上裂缝向右下方发展，上部连接成一条阶梯型裂缝，右下部分裂缝继续开展；$-4\Delta^2$时，墙体开裂声音较大，掉渣严重。拉向裂缝明显，右上裂缝最宽为6mm，左下砖裂缝继续开展；$+5\Delta^1$时，右下裂缝开展连接为一条阶梯型主裂缝，最宽处为4mm，上下仍未连接成一条裂缝，左上第一皮砖与灰缝之间裂缝宽度增大，为2mm；$+5\Delta^2$时，墙体右下方灰缝起皮掉渣，墙体裂缝开展声音变大，右下第二、三皮砖出现斜向裂缝，宽为1.5mm，墙体推裂缝贯通，开展较大，最宽为8mm；此后，持续位移循环，不再中断，直至荷载降低，墙体损坏，试验过程中，墙体开裂声音不断变大，灰缝起皮掉渣严重，墙体裂缝成X形，为剪切破坏，推拉裂缝相交于墙体下数第九皮砖偏右竖向灰缝中，裂缝基本沿墙体灰缝呈阶梯状开展。W13墙体试件最终破坏形态如图3-9所示。

图3-9 W13墙体试件最终破坏形态

（4）W21墙体试件（墙厚370mm、古灰浆基材墙体）试验过程

先期加载阶段，试件基本处于弹性阶段，试件墙身未发现明显开裂现象，荷载-位移曲线线型接近于直线。荷载超过70kN后，在墙体两侧第一、二皮砖灰缝间出现裂缝，裂缝向内侧延伸约120mm，此时开裂位移$\Delta=1.5$mm。

取$\Delta=1.5$mm控制分级进行加载，当荷载加至墙体水平侧移为$-2\Delta^1$（表示2倍的开裂位移，上角标1表示第一次循环加载）时，墙体中部下第八层灰缝中出现水平裂缝，沿灰缝向左下方向发展至第四层灰缝中，水平长度约为470mm；$-3\Delta^1$时，墙体左下轻微起皮掉渣，出现砖裂声音，墙体右上第二皮砖竖向灰缝中出现竖向裂缝，沿灰缝呈阶梯状向墙体中部发展至第六层灰缝中，墙体左下第二皮砖竖向灰缝中出现斜向裂缝，向下发展使得第一皮砖受压产生细微斜向裂缝；$+3\Delta^2$ 时，墙体左上第一层灰缝出现水平裂缝，沿灰缝呈阶梯状向右下发展至第四层灰缝中，墙体中部下第十层灰缝出现水平裂缝，阶梯状向右下发展至下第八层灰缝；$-3\Delta^2$ 时，墙体右上第一层灰缝中出现水平裂缝，向右下开展与原有裂缝相连接；$+4\Delta^1$ 时，墙体右上第三层灰缝中出现水平裂缝，沿灰缝阶梯状向右下发展至第六层灰缝与$-3\Delta^1$ 时产生的拉裂缝相交，$+3\Delta^2$ 时左上方产生的裂缝左侧第三皮砖竖向灰缝中出现竖向裂缝，阶梯状向右发展至第六层灰缝中；$-4\Delta^1$ 时，墙体左下第五皮砖竖向灰缝中出现斜向裂缝，沿灰缝向下发展与原有裂缝相交，此裂缝外侧出现一条新裂缝，从下第七皮砖竖向灰缝斜向发展至下第三皮砖，且第三皮砖产生斜向裂缝，墙体中部下数第十一皮砖灰缝中产生竖向裂缝，沿灰缝向左下呈阶梯状发展至左下第六皮砖竖向灰缝中，墙体右下第七层灰缝外侧出现水平裂缝，阶梯状向左下发展至第四层灰缝；$+4\Delta^2$ 时，墙体中部下数第十一皮砖竖向灰缝产生斜向裂缝，向下发展两皮砖厚，其右侧第十皮砖竖缝中出现斜向裂缝，两皮砖厚，均为右上向左下方向发展；$+5\Delta^1$ 时，墙体开裂声音变大，掉渣现象严重，同时伴有砖裂声音，右下第一、二、三皮砖被压出斜向裂缝，原有裂缝继续开展；$-5\Delta^1$ 时，墙体左上裂缝向中部开展，主拉裂缝形成；$+5\Delta^2$ 时，墙体右下裂缝发展成第一条斜裂缝，从下第八皮砖沿灰缝阶梯状至第一层灰缝；$-5\Delta^2$ 时，墙体左下拉裂缝形成，与左上推裂缝相交于第六层灰缝；$+6\Delta^1$ 时，墙体左上第一层水平裂缝沿灰缝阶梯状向右下发展与$+4\Delta^1$ 产生的裂缝相连接，形成主推裂缝。此后，持续位移循环，不再中断，直至荷载降低，墙体损坏，试验过程中，墙体开裂声音不断变大，灰缝起皮掉渣严重。W21 墙体试件最终破坏形态如图 3-10 所示。

图 3-10 W21 墙体试件最终破坏形态

（5）W22 墙体试件（墙厚 370mm、改性环氧树脂性能增强墙体）试验过程

先期加载阶段，试件基本处于弹性阶段，试件墙身未发现明显开裂现象，荷载-位移曲线线型接近于直线。当荷载接近 80kN 时，试件进入弹塑性阶段，此时滞回曲线出现稍许弯曲。荷载增至 90kN 时，墙体两侧根部灰缝产生水平裂缝，此时开裂位移 $\Delta=2.0$mm。

取开裂位移 $\Delta=2.0$mm 控制分级加载，当荷载加至墙体水平侧移$-2\Delta^2$ 时，墙体右下裂缝宽度增大，为 3mm 宽，右上第一层灰缝产生水平裂缝，并沿竖向灰缝向下发展至第二层灰缝；$+3\Delta^1$ 时，上述$+2\Delta^2$ 裂缝水平向左开展至第十层灰缝，下数第五皮砖竖向灰缝中产生斜裂缝；$+3\Delta^2$ 时，前面裂缝向左上和右下开展，中部主推裂缝已经形成，左上第六层到第八层灰缝中出现阶梯状裂缝，右下第六层灰缝中产生较多斜向断裂缝，均为左上到右下方向；$-3\Delta^2$ 时，墙体左下方有轻微起皮掉渣现象，右上第六层到第八层灰缝中出现产生一条阶梯状裂缝；$+4\Delta^1$ 时，左上第一层灰缝产生滑动，形成水平裂缝，沿竖向灰缝呈阶梯状向墙体中部发展，与上述$+3\Delta^2$ 产生的裂缝相连，中部形成的主裂缝下右下继续开展两皮砖厚，同时右下部分竖向灰缝中出现较多斜向裂缝，多为一皮砖厚；$-4\Delta^1$ 时，墙体裂开声音较大，左上裂缝贯通，成一条主裂缝，右下第四层灰缝到第七层产生一条斜向阶梯状裂缝，中部产生较多斜向短裂缝；$+4\Delta^2$ 时，墙体左上与中部裂缝相连接，形成一条主推裂缝，主裂缝上第七皮砖产生裂缝，右下裂缝较为分散，右下第二皮最外侧砖产生竖向裂缝；$-4\Delta^2$ 时，墙体开裂声音增大，右下产生的裂缝向中部水平开展，向下部阶梯状开展，形成一条主裂缝，同时此裂缝外侧产生一条长约四皮砖厚的长裂缝，由第一层灰缝到第五层灰缝阶梯状发展，且在第五层灰缝产生水平裂缝向中部发展，右下第二皮最外侧砖发生竖向开裂；$+5\Delta^1$ 时，墙体掉渣严重，推方向形成一条主裂缝，自左上到右下贯通，从中部呈阶梯形向右下发展至下数第三层灰缝后形成较长水平缝，然后向下阶梯形发展至第一层灰缝，左上主裂缝宽度较大，缝宽约 5mm，右下裂缝开展较小；$-5\Delta^1$ 时，砖裂声音变大，$-4\Delta^2$ 形成的主裂缝发展较缓慢，外侧较长裂缝开展，与右上裂缝相连接，形成主裂缝，拉裂缝形成，右上裂缝宽度约为 7mm；$+5\Delta^2$ 时，墙体开裂声音很大，掉渣严重，右下主裂缝外侧产生一条新的裂缝，在下数第十层灰缝处与右上拉裂缝相交，阶梯状发展至下数第二层灰缝外侧，成为第二条推裂缝，此后位移循环不再中断，直至荷载减小，墙体损坏。拉推裂缝交接处为下数第八皮砖（上数第十皮砖）处，偏向于墙体下侧，墙体上部裂缝开展较大，缝宽较大，右下方推裂缝有两条，一条与左上贯通，另一条与右上拉裂缝相交后不再向上发展。左下方拉裂缝有两条，一条与右上拉裂缝贯通，另一条在产生后开展缓慢，与右下方推裂缝相交后不再发展。W22 墙体试件最终破坏形态如图 3-11 所示。

图 3-11　W22 墙体试件最终破坏形态

（6）W31 墙体试件（墙厚 490mm、古灰浆基材墙体）试验过程

先期加载阶段，试件基本处于弹性阶段，试件墙身未发现明显开裂现象，荷载-位移

曲线线型接近于直线。当荷载接近 100kN 时，试件进入弹塑性阶段，此时滞回曲线出现稍许弯曲。荷载增至 105kN 时，墙体两侧根部灰缝产生水平裂缝，此时开裂位移 $\Delta=1.8$mm。

取开裂位移 $\Delta=1.8$mm 进行控制分级加载，当荷载加至 $2\Delta^1$ 时，墙体两侧底部灰缝出现明显的开裂现象，约 1.5mm 宽。荷载价值 $-3\Delta^2$ 时，裂缝呈斜向从四角向中部展开，竖向灰缝出现轻微的开裂现象，呈现出阶梯形开裂迹象。荷载加至 $+4\Delta^1$ 时，顶部灰缝开始产生滑移开裂，墙身中部裂缝明显增大，墙体试件四角裂缝向中部延伸，原有裂缝宽度逐渐增大并向试件部逐渐延伸。当荷载加至 $-4\Delta^2$ 时，左上角主裂缝改变方向，竖向向下延伸，在主裂缝的右侧新出现一条斜向裂缝，向试件中部开展。其余三个角部裂缝继续向中部开展，裂缝呈扩大趋势，试件裂缝已初现 X 形。荷载加至 $+5\Delta^1$ 时，四个方向主裂缝扩展速度加快，均呈阶梯状向中部扩展，左上角原有主裂缝继续向下部延伸，新产生裂缝继续向中部扩展，裂缝最大宽度约为 10mm。继续加载至 $+5\Delta^2$ 时，墙体裂缝继续增大，试件顶部水平位移增加，几条裂缝相交于墙体中部，全部已经贯通，此后位移循环不再中断，直至荷载减小、墙体破坏。W31 墙体试件最终破坏形态如图 3-12 所示。

图 3-12　W31 墙体试件最终破坏形态

（7）W32 墙体试件（墙厚 490mm、改性环氧树脂性能增强墙体）试验过程

先期加载阶段，试件基本处于弹性阶段，试件墙身未发现明显开裂现象，荷载-位移曲线线型接近于直线。当荷载接近 115kN 时，试件进入弹塑性阶段，此时滞回曲线出现稍许弯曲。荷载增至约 120kN 时，墙体两侧根部灰缝产生水平裂缝，此时开裂位移 $\Delta=2.3$mm。

取开裂位移 $\Delta=2.3$mm 进行控制分级加载，当荷载增加至 $\pm 2\Delta^1$ 时，四角裂缝开始沿灰缝向下延伸，呈阶梯状，最大裂缝宽度约为 2mm。当荷载加至 $+3\Delta^1$ 时，裂缝继续向下延伸，裂缝宽度继续变大，最上部灰缝开始发生轻微滑移，相比较而言，上部开裂情况较下部严重。继续加载至 $-3\Delta^2$ 时，顶部灰缝滑移位移增加，裂缝宽度继续增大，四角主裂缝继续向中部扩展，裂缝已初现 X 形。当荷载加至 $\pm 4\Delta^1$ 时，下角两侧主裂缝上部各产生两条与主裂缝平行的裂缝，并呈逐渐扩大趋势，同时试件中部扩展，原有主裂缝宽度继续增大，但增幅减小；试件上部主裂缝宽度继续增加并向中部延伸，呈阶梯状。荷载加至 $+5\Delta^1$ 时，试件顶部水平位移继续增加，主裂缝及新产生裂缝宽度也继续增大，四条主裂缝基本已经联通，开裂声音明显增大。荷载继续增加至$\pm5\Delta^2$时，各条裂缝宽度继续增大，并相交于墙体中部，全部已经贯通，此后位移循环不再中断，直至荷载减小、墙体破坏。W32墙体试件最终破坏形态如图3-13所示。

图3-13　W32墙体试件最终破坏形态

（8）W33墙体试件（墙厚490mm、甲基丙烯酸甲酯性能增强墙体）试验过程

先期加载阶段，试件基本处于弹性阶段，试件墙身未发现明显开裂现象，荷载-位移曲线线型接近于直线。当荷载接近110kN时，试件进入弹塑性阶段，滞回曲线出现稍许弯曲。荷载增至约115kN时，墙体两侧根部灰缝产生水平裂缝，此时开裂位移$\Delta=1.9$mm。

取开裂位移$\Delta=1.9$mm进行控制分级加载。当荷载增加至$-2\Delta^1$时，墙体左上侧裂缝宽度增加较大，灰缝产生稍许位移，试件其余三个角部裂缝开裂趋势逐步增大，并向试件中部扩展。继续增加荷载至$+3\Delta^1$时，左上角灰缝开始发生水平方向滑移，四角裂缝宽度继续变宽并向中部延伸，与左上角主裂缝相比，其余三个角部主裂缝开裂变化程度较小，裂缝均呈阶梯状。荷载增至$\pm4\Delta^2$时，左上角灰缝水平位移继续增大，主裂缝宽度继续增加，裂缝最大宽度约为18mm，但右上角裂缝开展趋势较其他方都小，裂缝的最大宽度约为8mm，四条主裂缝均呈阶梯状并向试件中部开展。荷载增至$+5\Delta^2$时，左上角墙体开裂愈加严重，裂缝宽度逐渐增大，局部灰浆掉渣严重，四条主裂缝向中部发展，并且已经贯通。此后位移循环不再中断，直至荷载减小，墙体损坏。W33墙体试件最终破坏形态如图3-14所示。

图3-14　W33墙体试件最终破坏形态

3.3.2 试验结果分析

（1）滞回曲线与骨架曲线

结构在地震荷载往复作用下的抗震性能可以通过拟静力试验进行研究，试验完成后，可以得到荷载-位移滞回曲线，可以反映结构或构件在反复受力过程中的变形特征、刚度退化及能量消耗，是确定恢复力模型、进行非线性地震反应分析和各种抗震性能指标确定的依据。将结构构件同方向加载循环峰值点相连得到的曲线，可直接反应加载过程中荷载与位移关系，称之为骨架曲线，可以直接反映加载过程中荷载与位移之间的关系，显示试件构件受力与变形的各个不同阶段及特性（强度、刚度、延性、耗能及抗倒塌能力等）。本次墙体试件试验滞回曲线、骨架曲线如图 3-15 和图 3-16 所示。

综合对三种厚度墙体试件拟静力试验过程、滞回曲线、骨架曲线进行分析，三种厚度的墙体试件在加载初期墙身均未有裂缝产生，滞回曲线基本呈直线线型，处于弹性工作阶段。试件分级加载后，试件墙身开始出现裂缝，随着主裂缝开裂程度增大，墙体整体刚度发生退化。接近破坏荷载时，基材墙体试件与修复墙体试件水平方向承载力均迅速降低，并呈脆性特征，但修复墙体试件在达到极限荷载后能承担更多的循环加载。基材墙体试件 W11、W21、W31 滞回环相对面积较小，构件能承受的荷载循环次数较少，构件破坏耗

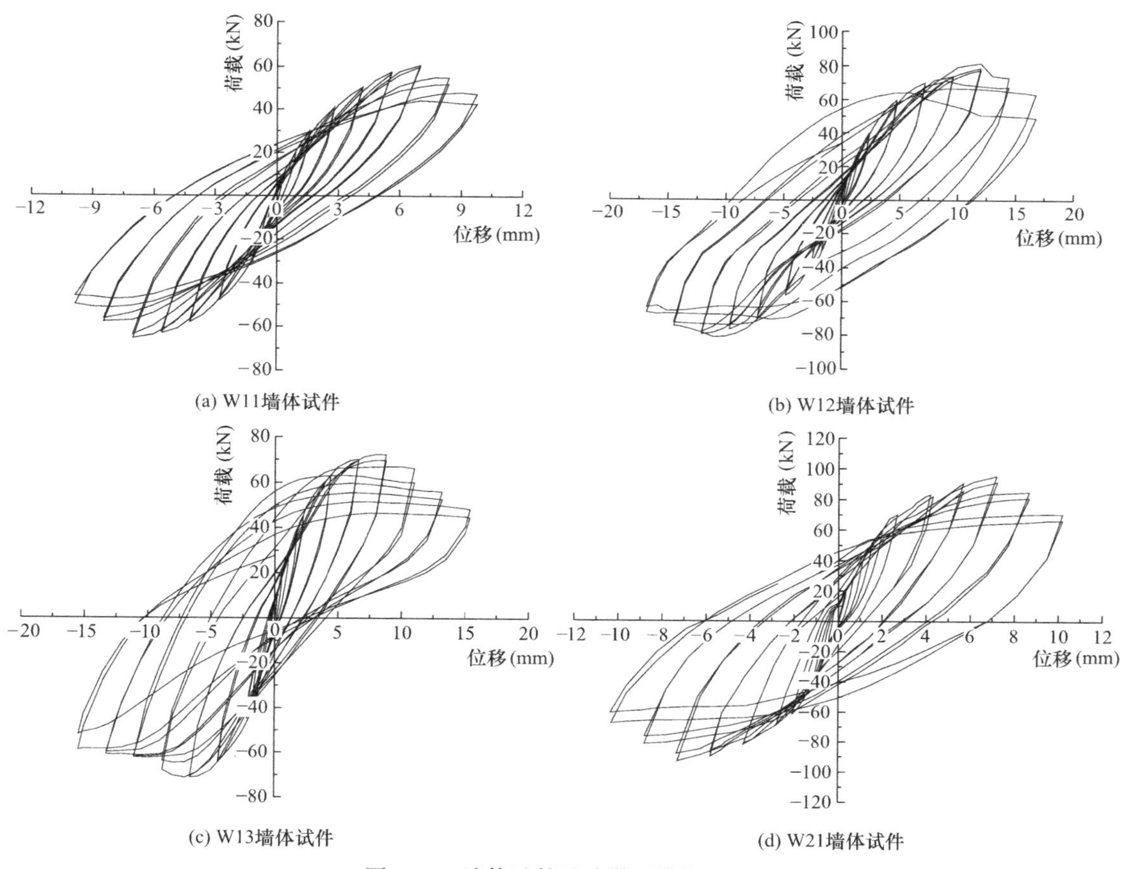

图 3-15　墙体试件试验滞回曲线（一）

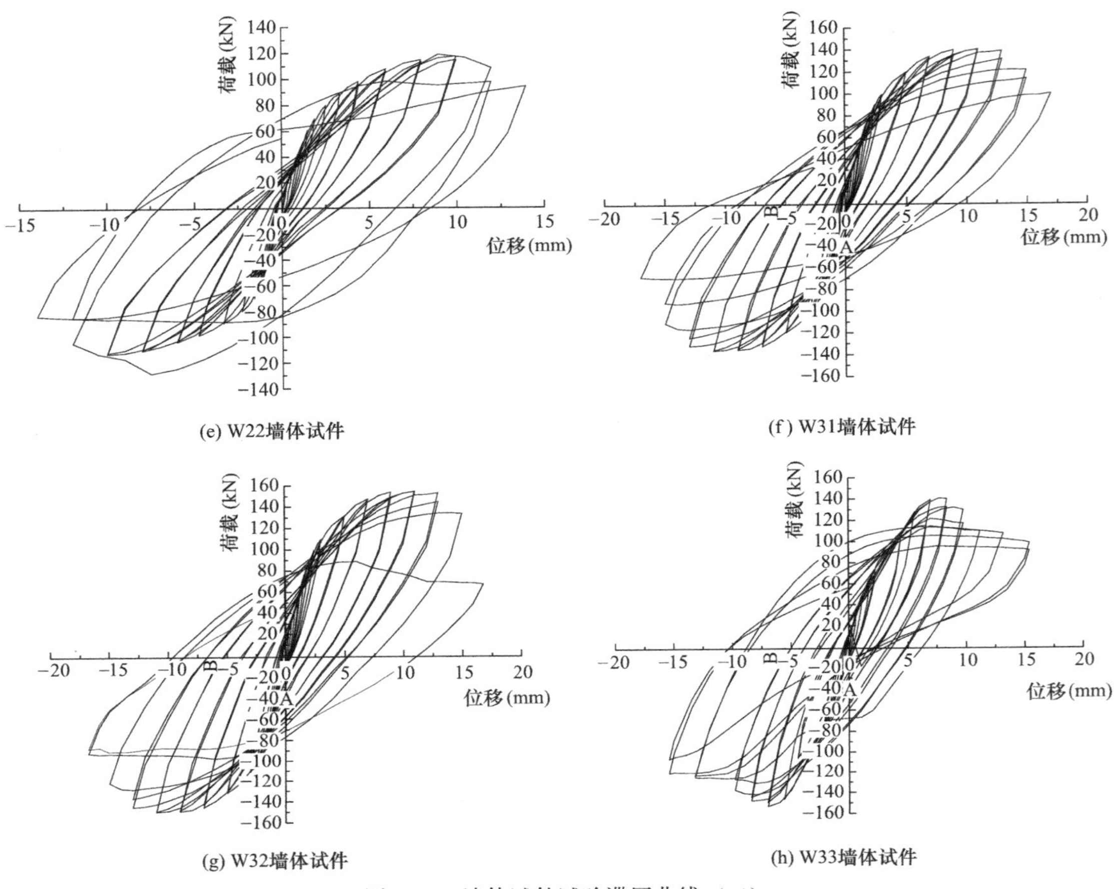

(e) W22墙体试件

(f) W31墙体试件

(g) W32墙体试件

(h) W33墙体试件

图 3-15　墙体试件试验滞回曲线（二）

能较小；采用改性环氧树脂修复试件 W12、W22、W32 滞回曲线较基材墙体试件更为饱满，包围面积更大，试件破坏耗能更多；采用甲基丙烯酸甲酯修复试件 W13、W33 滞回曲线较为饱满，饱满程度介于基材墙体试件与改性环氧树脂修复墙体试件之间。因此，采用环氧树脂修复的墙体耗能能力较好。

比较不同厚度基材及修复墙体试件，加载初期墙体骨架曲线近似直线段斜率相差不大，即在弹性阶段，各墙体试件刚度相差不大，修复直线段长度更长；当达到峰值荷载后，各试件刚度均开始减小，但未修复墙体骨架曲线下降段斜率较大，水平承载力下降快，刚度退化明显比修复试件要早且快，其破坏呈脆性，修复墙体下降段斜率较小，水平承载力下降较缓慢，其延性较未修复有所改善，达到极限荷载以后，修复以后的墙体侧向变形比未修复墙体发展更为充分，极限位移明显增大。

（2）延性分析

在结构的抗震性能中，延性是一个非常重要的指标。延性是指结构或者构件在没有明显强度退化或刚度退化情况下承受变形的能力。它反映了试件的塑性变形能力，是衡量抗震性能好坏的指标之一。延性越大，表示结构在地震作用下塑性变形能力越强。一般可以分为应变延性、曲率延性和位移延性，通常用延性系数来衡量。本书采用位移延性系数作为判定构件延性好坏的指标，系数 μ 表示为：

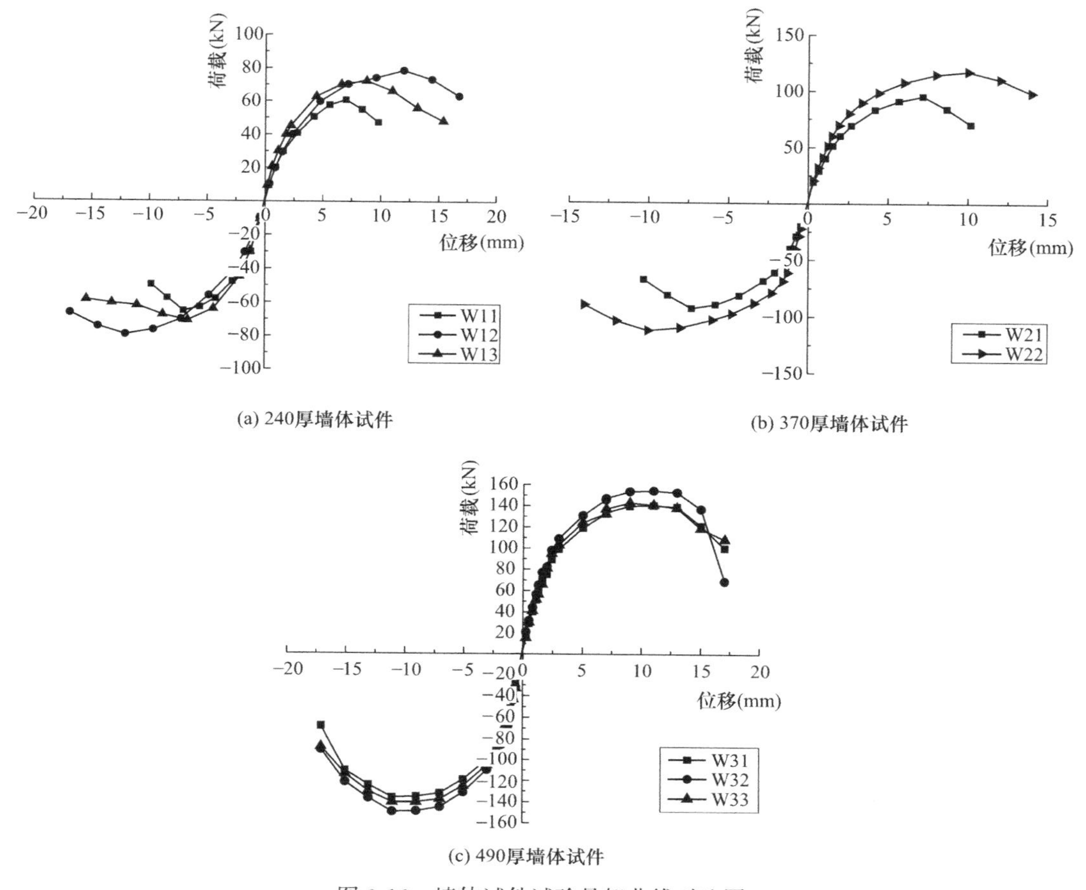

图 3-16 墙体试件试验骨架曲线对比图

$$\mu=\frac{\Delta_u}{\Delta_y} \tag{3-1}$$

式中：Δ_u 为极限位移；Δ_y 为屈服位移。

1）极限荷载 P_u 和极限位移 Δ_u 的确定

本书方法求解极限荷载，取试件达到峰值荷载以后，随着变形的增大荷载下降 15%时的荷载，即 $P_u=0.85P_{max}$，对应位移即为极限位移 Δ_u，如图 3-17（a）所示。另外，若试验中试件破坏时承载力未达到峰值荷载的 85%，此时选取试件失去承载能力时的荷载为极限荷载，对应的位移作为本极限位移 Δ_u，如图 3-17 所示。

2）等效屈服荷载 P_y 和屈服位移 Δ_y 的确定

由于材料的非线性特征，在试件的骨架曲线上往往没有明显的屈服点，而且在试验过程中，很有可能试件裂缝早已产生，但观察者观察不到，人为影响因素比较大。所以，本书中采用等效屈服点作为实际屈服点，常用确定等效屈服点的方法有：

① 通用屈服弯矩法（G. Y. M. M），如图 3-18（a）所示，即从原点作弹性理论值 OA 线与过最大荷载点 M 的水平线 FM 相交于 A 点，过 A 作垂线在 P-Δ 曲线上交于 B 点，连接 OB 延长后与 FM 相交于 C，过 C 作垂线在 P-Δ 曲线上交于 Y 点，Y 点即为等效屈服点。

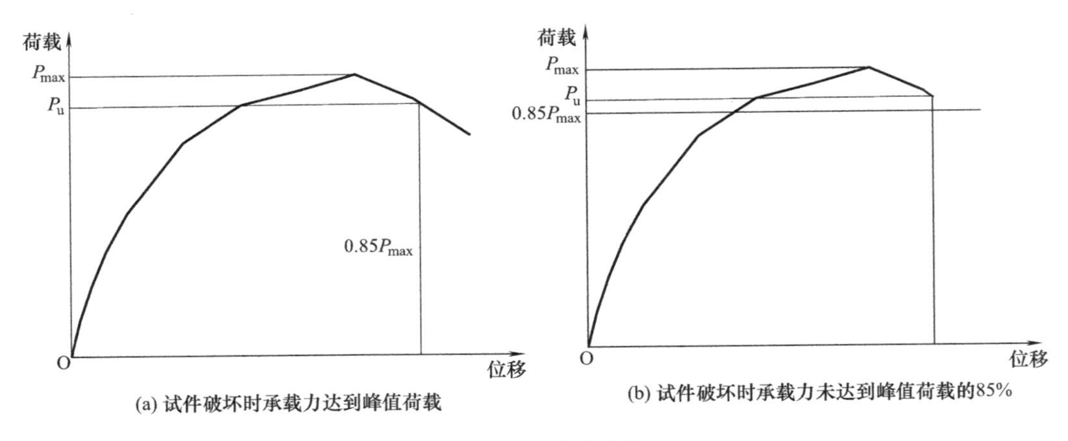

图 3-17　极限位移法

② 能量等效法，假定理想弹塑性与实际结构吸收能量相等时，理想弹塑性体系对应的屈服位移作为实际结构的屈服位移，如图 3-18（b）所示，由最大荷载点 M 引一条水平线 MF，由原点 O 引出一条割线与 MF 相交于 A 点，若使得阴影部分Ⅰ面积与阴影部分Ⅱ面积相等，则由 A 点所引垂线与骨架曲线交点 Y 为等效屈服点。

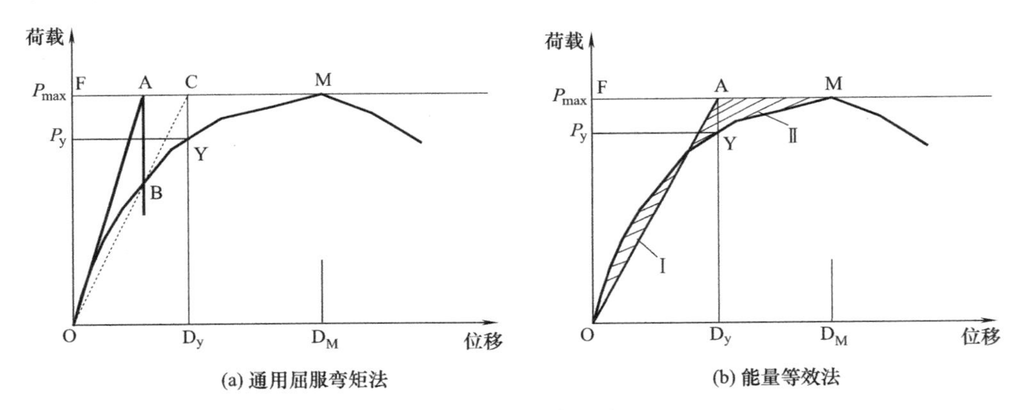

图 3-18　屈服弯矩法

本书确定屈服点采用的方法是目前比较常用的通用屈服弯矩法。

试件特征点以及延性的比较　　表 3-2

试件编号	加载方式	屈服荷载 P_y(kN)	屈服位移 Δ_y(mm)	峰值荷载 P_m(kN)	峰值位移 Δ_m(mm)	极限荷载 P_u(kN)	极限位移 Δ_u(mm)	延性系数 μ
W11	推(+)	48.09	3.86	60.71	6.98	51.60	8.93	2.36
	拉(−)	51.20	3.62	65.48	6.99	55.66	8.78	
W12	推(+)	62.09	5.25	78.62	11.98	66.83	15.96	3.02
	拉(−)	60.80	5.34	79.63	12.02	67.69	16.62	
W13	推(+)	55.22	3.87	72.22	6.59	61.39	12.01	3.37
	拉(−)	54.87	3.75	71.29	6.62	60.60	13.71	

续表

试件编号	加载方式	屈服荷载 P_y(kN)	屈服位移 Δ_y(mm)	峰值荷载 P_m(kN)	峰值位移 Δ_m(mm)	极限荷载 P_u(kN)	极限位移 Δ_u(mm)	延性系数 μ
W21	推(+)	75.51	3.36	95.28	7.18	80.98	9.03	2.73
	拉(−)	73.19	3.28	93.18	7.28	79.26	9.05	
W22	推(+)	89.35	3.64	117.43	9.99	99.87	12.76	3.48
	拉(−)	85.47	3.52	112.91	10.03	95.99	12.22	
W31	推(+)	75.81	4.41	124.35	12.74	98.76	15.17	3.95
	拉(−)	72.39	4.07	129.88	14.39	102.39	16.32	
W32	推(+)	93.11	5.76	141.67	18.48	126.55	25.43	4.47
	拉(−)	97.85	5.83	147.39	17.63	121.71	26.36	
W33	推(+)	87.69	4.54	136.53	15.33	111.47	18.35	4.03
	拉(−)	91.03	4.22	132.91	14.93	109.88	16.94	

注：表中延性系数为推拉方向平均值。

根据表 3-2 可以看出，对于厚度为 240mm、370mm、490mm 采用改性环氧树脂性能增强后比基材墙体试件，屈服荷载分别提高了约 23.5%、17.5%、28.8%，峰值荷载分别提高了约 25.2%、22.8%、13.7%，极限荷载分别提高了约 25.5%、22.5%、23.4%，延性系数分别提高了约 42.6%、27.8%、13.1%。对于 240mm 厚、490mm 厚采用甲基丙烯酸甲酯修复墙体试件，屈服荷载分别提高了约 11.0%、15.9%，峰值荷载分别提高了约 13.1%、14.8%，极限荷载分别提高了约 13.9%、14.2%，延性系数分别提高了约 27.0%、19.6%。比较三种不同厚度的墙体试件，修复墙体试件相比较基材试件屈服荷载、峰值荷载、极限荷载与延性均有了不同程度的提高，墙体的塑性变形能力得到了改善，一定程度上提高了砖石古建砌体抗侧移能力，从而提高了砖石古建整体抗震性能。

3.4 本章小结

本章对模拟古灰浆基材墙体及浸入改性环氧树脂、甲基丙烯酸甲酯性能增强墙体进行了低周反复拟静力试验，观察并记录墙体拟静力试验开裂及破坏全过程，通过对试验现象和试验数据的处理，对墙体试件滞回曲线、骨架曲线、延性系数等抗震性能指标进行分析对比，得出以下结论：

（1）古灰浆基材墙体试件与性能增强古灰浆墙体试件破坏过程及破坏形态相似，各墙体试件开裂前处于弹性阶段，随着荷载的增加，墙角处首先出现水平开裂现象，进而裂缝在试件的中部集中产生，随后裂缝由中部向试件四角发展，破坏时均呈 X 形。

（2）比较三种不同厚度的墙体试件，性能增强古灰浆墙体试件相比较古灰浆基材试件屈服荷载、峰值荷载、极限荷载与延性均有了不同程度的提高，墙体的塑性变形能力得到了改善，一定程度上提高了砖石古建砌体抗侧移能力，从而提高了砖石古建整体抗震性能。

（3）对比两种性能增强古灰浆墙体拟静力试验，浸入改性环氧树脂墙体试件综合效果优于浸入甲基丙烯酸甲酯墙体试件，在墙体厚度较大时，应该加密注浆孔密度，以得到更好的修复效果。因此，可以选用改性环氧树脂对厚度较大的砖石古建墙体采用“浸渗法”进行整体性能增强。

第4章 小雁塔现场调查与抗震性能评估

4.1 引言

西安小雁塔属于历史建筑范畴，是我国密檐式古塔结构的典型代表，具有极高的历史文化价值。然而小雁塔饱经历史沧桑及自然灾害的侵袭，结构内部存在不同程度的损伤。同时，历史上各朝代均对小雁塔进行了不同程度上的修缮，使其与初始建造状态有较大的差别。本章对小雁塔结构的外观、裂缝及残损情况进行了调查研究，分析西安博物院关于小雁塔修缮的历史档案，全面了解小雁塔内部结构的现状；同时，对小雁塔结构进行现场回弹、灰浆灌入及动力测试等工作，采集小雁塔的砖砌块和砌筑灰浆数据，估算其强度；通过动力特性现场测试，研究小雁塔结构动力特性真实资料，为深入研究小雁塔结构振动特性的研究提供基础；根据现场调查与测试结果，对小雁塔结构的现状进行了抗震性能评估，为后续模型试验研究提供依据。

4.2 小雁塔的现场调查

4.2.1 抗震性能现场调查目的和内容

历史上小雁塔曾遭受两次大地震的袭击，常年的风雨侵蚀和战乱破坏，导致了小雁塔结构在新中国成立初期的破坏已经非常严重，因此，1965年国家对小雁塔进行了全面的修葺工作。修整后小雁塔结构的整体性和安全性都有所改善，为了更好地研究小雁塔结构的现状，保护小雁塔这一重要的历史文化古迹，应对其抗震性能进行全面的现场调查。本书以现场原位测试全面调查小雁塔结构最真实的现状，获得小雁塔结构的材料性能、承载能力和动力学特性等基础资料，为小雁塔结构在地震作用下的地震响应分析、地震损坏情况、保护方案以及模型试验设计分析等提供依据。主要进行了如下现场调查与测试工作：

（1）调研、收集资料。通过文物保护部门详细分析小雁塔的历史和修整情况，收集小雁塔结构的实测资料、修缮图纸及说明、各种观测记录和工程地质等资料，并进行科学的修正和补充测绘，确定小雁塔结构的力学模型。

（2）塔身损伤情况调查。通过现场原位检测，掌握小雁塔结构目前的残损、裂缝、内部缺陷、不均匀沉陷和抗震薄弱部位等，为全面研究小雁塔结构抗震性能提供依据。

（3）塔身建筑材料的强度测试。根据文献记载，修筑小雁塔所用主要材料为黄土烧结砖，胶结材料为橙黄泥、生石灰以及糯米浆配制而成，由于年代久远，其材料的强度需通过现场测试确定。

（4）小雁塔结构动力学特性现场测试。通过现场实测，对小雁塔结构的固有振动频率、周期、振型和阻尼等动力学特性进行研究。

4.2.2 小雁塔结构特征

小雁塔为唐代密檐砖佛塔，由塔基、塔身和塔顶三部分组成，原有 15 层，塔顶由圆形刹座、两重相轮和宝瓶形刹顶三部分组成，现保留 13 层，高 43.38m。小雁塔塔基为方形高台，砖表土心，高 3.2m，底边长 23.38m；下有砖砌地宫，地宫由前室、甬道和后室三部分组成，室顶为穹窿式。基座地面以下为唐代夯土基础，分布于基座周围 30m，靠近基座的夯土深 2.35～3.60m，远处夯土较浅，深 1.40～1.70m。塔身平面呈方形，底边长 11.38m，塔身略呈梭形，青砖砌成，单壁中空，内壁有登塔砖砌蹬道。二层以上均逐层递减，高度从 3.76m 至顶层不足 1m，每层叠涩出檐，檐下砌有 1～2 层菱角牙砖，整体轮廓呈自然圆和的卷杀曲线，外形十分优美，如图 4-1 所示，小雁塔结构主要尺寸如表 4-1 所示。

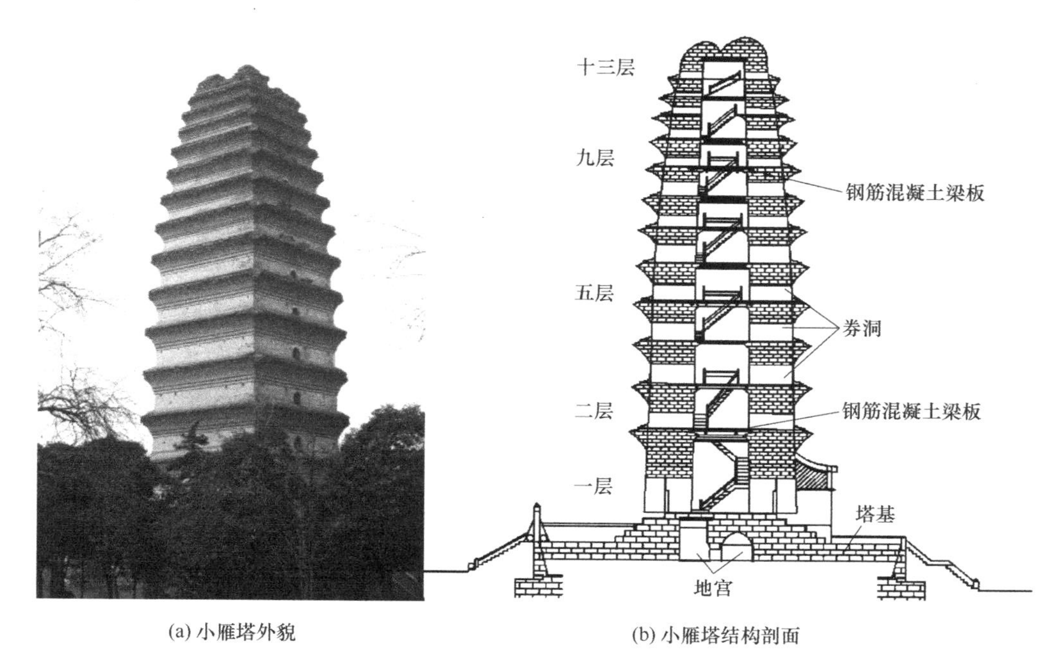

(a) 小雁塔外貌　　(b) 小雁塔结构剖面

图 4-1　小雁塔

小雁塔结构主要尺寸（m）　　表 4-1

层数	边长	层间边长差	层高	墙厚	券高	券洞宽
1	11.38	—	6.84	3.57	2.68	1.77
2	10.68	0.7	3.75	3.38	1.45	0.968
3	10.56	0.12	3.43	3.28	1.40	0.942
4	10.41	0.15	3.34	3.20	1.36	0.882
5	10.32	0.09	3.09	3.10	1.22	0.756

续表

层数	边长	层间边长差	层高	墙厚	券高	券洞宽
6	10.00	0.32	2.91	3.00	1.20	0.733
7	9.64	0.36	2.62	2.85	0.85	0.655
8	9.13	0.51	2.47	2.78	0.80	0.614
9	8.62	0.51	2.28	2.50	0.80	0.59
10	8.04	0.58	1.98	2.26	0.60	0.537
11	7.64	0.40	1.60	2.20	0.40	0.488
12	7.18	0.46	1.54	1.94	0.37	0.406
13	6.53	0.56	1.45	1.82	0.37	0.36
14	6.18	0.35	—	—	—	—

4.2.3　小雁塔结构修整说明

由于小雁塔建造的年代久远，饱经沧桑，长期遭受自然灾害和人为破坏。尤其是历史上的两次大地震使得小雁塔塔顶震落，砖块松动，时有下坠感，塔身多处开裂，外貌残缺不整，檐角经历风雨剥蚀，逐渐脱落，整体结构受到严重的破坏。因此，1965 年西安市文物部门对小雁塔进行了全面的勘查和修整，主要包括：基座部分，塔身裂缝及塔檐部分，梁、板部分，塔顶部分及腰箍部分等。

（1）基座部分：基座四周的塔基（包括青石下部）加以清理，活动砖块均予清除，已被挖取和破坏的部分全部铺砌复原；原有基座四周的青石填铺完整，基座墙拆除后改用新砖砌于青石之上；原有小青砖地面换铺方砖，加做 3∶7 灰土垫层 30cm，砖踏步随基座墙外移重砌。

（2）塔身裂缝及塔檐部分：塔身裂缝内部及洞门拱旋上部，砌体松动部分砌实，裂缝及栱券表面用定制规格相同的砖加工补平。塔檐部分将表面活动砖块修建稳固，残缺处修补整齐，使其免受风雨剥蚀而继续脱落，檐角部分按残缺程度不同予以修补，保持塔檐曲线，残缺外貌，以与塔顶现状协调。

（3）梁、板部分：为了提高塔身的整体性，在第二、五、九层处做钢筋混凝土梁、板，以增强塔身刚度；钢筋混凝土楼板上铺木格栅、木楼板，其余各层均在木梁上铺木楼板；九层以上因层高较低，每两层做一层楼板。

（4）塔顶部分：鉴于目前尚无可靠资料依据，未作塔顶；为防止雨雪渗入塔身内部，在顶部十三层处做钢筋混凝土梁、板，加钢丝网防水砂浆面层，东南角预留检查孔便于上下；板顶上部的砖砌体有倒塌危险的部分拆除重砌，保持原有轮廓及砖块牢固。

（5）腰箍部分：修整过程中在各层塔檐上部沿塔身周长设置角钢板箍，以增强塔身抗震性能，由于设置钢板箍而对塔檐及洞门两侧的砖需要拆砌时，应按原状复原。

4.2.4　小雁塔的残损情况

通过现场调查发现小雁塔的塔基和基础经过上次修整后均较稳定，未发现有明显的基础沉陷和塔身倾斜现象，主要存在的问题如下：

(1) 塔身开裂：现场调查表明，小雁塔塔身外墙有较明显的裂缝，以竖向裂缝为主，沿塔身竖向可长达 2～5m，宽度达 3～6mm；从所发现的裂缝来看，以变形裂缝居多，近期产生的新裂缝较少。此外，塔体外部多处风化较严重，塔体砖手捏易碎，如图 4-2 所示。

(a) 塔身裂缝

(b) 塔体风化

图 4-2 塔身裂缝及风化现况

(2) 内部墙体损伤：调查发现，小雁塔内部结构存在较多处表面砌体脱落，灰缝严重不饱满等现象，塔体内部有大量的干粉状黄土裸露，同时塔体内部每层均有历史改造遗留的多处孔洞，塔体内部损伤严重，如图 4-3 所示。

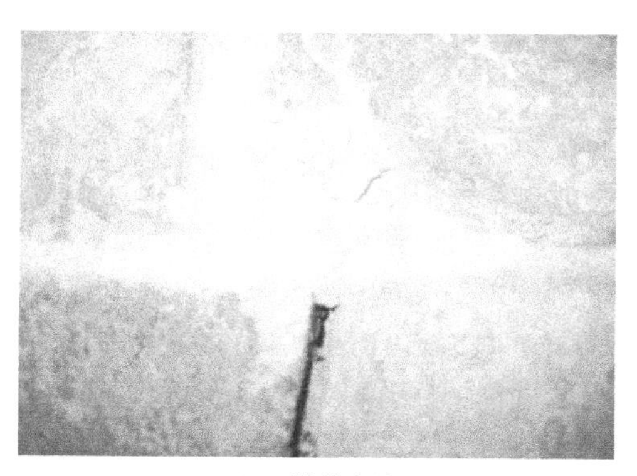

(a) 不饱满灰缝

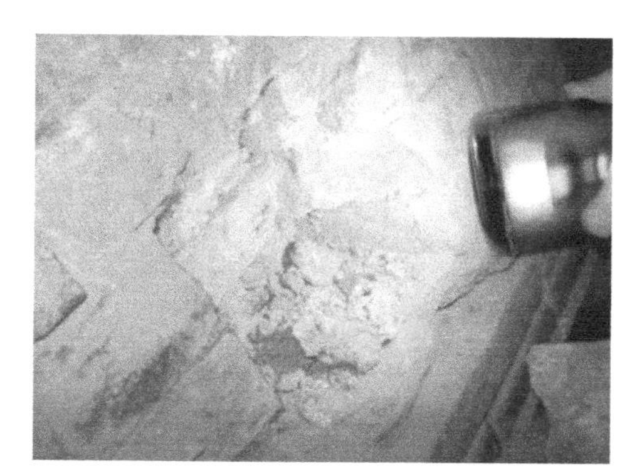

(b) 裸露的黄土

(c) 砖块残损

(d) 墙体孔洞

图 4-3 塔体内部损伤

（3）券洞处裂缝：调查发现，小雁塔内券洞处存在较多裂缝，裂缝一般分布在券洞上方，以竖向裂缝居多，同时内墙可见明显的渗水后留下的白色印记，说明某些裂缝为塔体内外贯通裂缝，如图 4-4 所示。

(a)

(b)

图 4-4　券洞处裂缝

4.2.5　小雁塔砌体材料及砂浆的强度

由于小雁塔建造年代久远，建造时砌体材料和胶结材料的原始资料不足，对其建造材料的强度、弹性模量等力学性能指标没有详细记载，同时考虑古建筑保护的特殊性，不能将其原始材料拆除进行试验，因此本书主要采用砖回弹仪和砂浆贯入仪分别测试小雁塔砌体和砌筑材料的强度，最后通过计算得到其力学性能指标。

图 4-5　砖回弹测试图

（1）塔身砖强度的评定

本次测试采用 ZC4 型砖回弹仪，参考《回弹仪评定烧结普通砖强度等级的方法》JC/T 796—2013 在小雁塔内部的每一层处选择 10 个砖样，每个砖样选择 10 个测点进行回弹测试。测试过程中回弹仪轴线始终垂直于砖样面，缓慢均匀施压，每一测点弹击一次，弹击后读取回弹值并记录，如图 4-5 所示。单块砖样平均回弹值和各层墙体回弹值按式（4-1）和式（4-2）计算，计算结果如表 4-2。

$$\overline{N}_j = \frac{1}{10}\sum_{i=1}^{10} N_i \tag{4-1}$$

式中：$\overline{N}_j$——第 j 块样砖的平均回弹值（$j=1$，2，…，10）精确至 0.1；

N_i——第 i 个测点回弹值。

$$\overline{N} = \frac{1}{10}\sum_{i=1}^{10} \overline{N}_j \tag{4-2}$$

式中：$\overline{N}$——每层 10 块样砖的平均回弹值，精确至 0.1；

$\overline{N}_j$——第 j 块样砖的平均回弹值。

小雁塔墙体回弹结果　　　　表 4-2

位置	测点										均值 $\overline{N}$	最小值 $N_{j\min}$
	1	2	3	4	5	6	7	8	9	10		
1层	33.1	34.4	29.4	30.9	31.2	24.1	33.3	32.8	31.5	32.6	31.3	24.1
2层	30.1	28.9	29.4	23.8	30.7	30.4	30.3	29.6	29.6	31.5	29.4	23.8
3层	32.2	33.6	31.5	33.6	29.4	33.7	35.5	33.9	34.3	27.3	32.5	27.3
4层	29.7	30.4	29.2	32.1	30.8	30.3	33.3	26.7	32.5	31.4	30.6	26.7
5层	32.6	31.9	32.5	33.6	29.7	25.1	29.3	31.6	33.2	34.8	31.4	25.1
6层	24.4	33.9	30.8	34.7	30.2	35.1	28.3	30.4	29.6	33.5	31.1	24.4
7层	28.4	30.6	25.3	29.2	31.4	32.2	28.7	29.3	29.6	30.7	29.5	25.3
8层	27.8	28.5	29.3	30.4	32.5	31.1	24.6	30.0	30.6	28.5	29.3	24.6
9层	31.6	30.5	31.2	23.8	29.4	32.6	31.3	32.3	31.9	32.1	30.7	23.8
10层	27.5	26.4	29.1	23.8	30.6	28.6	31.3	30.8	29.1	30.7	28.8	23.2
11层	29.7	30.3	32.1	30.6	29.5	27.9	29.5	29.4	31.8	25.1	29.6	25.1
12层	30.1	31.9	30.5	31.4	31.7	25.5	30.8	32.5	29.8	31.6	30.7	25.5
13层	29.6	23.8	30.1	30.3	31.4	30.8	28.5	29.1	30.2	28.3	29.2	23.8

按照《回弹仪评定烧结普通砖强度等级的方法》JC/T 796—2013 中砖标准值的计算方法为式（4-3）和式（4-4），计算结果如表 4-3 所示。

$$\overline{N}_f=\overline{N}-1.8S_f \tag{4-3}$$

$$S_f=\sqrt{\frac{1}{9}\sum_{j=1}^{10}(\overline{N}_j-\overline{N})^2} \tag{4-4}$$

式中：$\overline{N}_f$——各层砖样回弹标准值，精确至 0.1；

S_f——各层砖样平均回弹值的标准差，精确至 0.01。

小雁塔墙体砖强度计算结果　　　　表 4-3

测试部位	标准差 S_f	标准值 $\overline{N}_f$
1层	2.9	26.1
2层	2.1	25.7
3层	2.5	28.0
4层	1.9	27.2
5层	2.8	26.4
6层	3.3	25.1
7层	1.9	26.0
8层	2.1	25.4
9层	2.6	26.0
10层	2.4	24.6
11层	2.0	26.0
12层	2.0	27.1
13层	2.1	25.4

《回弹仪评定烧结普通砖强度等级的方法》JC/T 796—2013 中砖强度等级对照表，如表 4-4 所示，确定小雁塔砌块材料的强度等级为 MU10。

砖强度等级对照表　　**表 4-4**

强度等级	10 块砖样平均回弹值 $\overline{N}\geqslant$	$S_f\leqslant3.0$	$S_f\geqslant3.0$
		10 块砖样回弹标准值 $\overline{N}_f\geqslant$	单块最小平均回弹值 $N_{j\min}\geqslant$
MU30	47.5	42.5	43.5
MU25	43.5	38.5	39.5
MU20	39.0	34.0	35.0
MU15	34.0	29.5	30.5
MU10	28.0	23.5	24.5

注：S_f 为 10 块砖样平均回弹值的标准差。

（2）砂浆强度等级

本次测试调查采用 SJY800B 型砂浆贯入仪，参考《贯入法检测砌筑砂浆抗压强度技术规程》JGJ/T 136—2017 在小雁塔内部的每一层处选择 16 个点，测点均匀分布在水平灰缝上，两点之间不小于 240mm，每条灰缝测点不宜多于 2 点，进行砂浆贯入测试，如图 4-6 所示，计算得到小雁塔结构的砂浆强度等级，如表 4-5 所示。

图 4-6　砂浆贯入测试

小雁塔结构的砂浆强度等级　　**表 4-5**

测试部位	平均贯入深度(mm)	换算值(MPa)
1 层	11.6	0.8
2 层	12.2	0.7
3 层	13.1	0.6
4 层	13.5	0.6
5 层	12.4	0.7
6 层	15.1	0.4
7 层	14.2	0.5
8 层	14.7	0.5
9 层	13.9	0.5
10 层	14.3	0.5
11 层	14.7	0.5
12 层	15.1	0.4
13 层	14.8	0.5

由表 4-4 可知小雁塔砂浆平均强度只有 0.55MPa，建议取砂浆最低强度等级—M0.4。据上述现场调查结果，根据《砌体结构设计规范》GB 50003—2011 可取小雁塔砌体抗压强度设计值为 0.7MPa。小雁塔结构砌体的弹性模量可根据文献的计算公式得到：

$$E=370f_{\mathrm{m}}\sqrt{f_{\mathrm{m}}} \quad \text{或} \quad E=1200f\sqrt{f} \tag{4-5}$$

式中：E——砌体弹性模量（MPa）；

f_{m}——强度平均值（MPa）；

f——强度设计值（MPa）。

4.3 小雁塔的动力特性

一般情况下，建筑结构的动力特性测试有两种方法：脉动法和激振法。脉动法是通过建筑物在大地、风、行人及车辆等干扰下产生微弱振动，从而反映结构稳态随机振动的性质。激振法是采用人为的方法对建筑物进行激振，使建筑物产生较脉动法大的振动，从而识别结构的动力特性。

由于脉动法不需要外界激励，对建筑物不造成任何损伤，也不影响建筑物的正常使用，并且不受建筑结构形式和大小的限制，在自然环境条件下就可完成对建筑物动力特性的测量，适合历史建筑的动力特性的测试。因此，为使小雁塔结构在动力测试过程中免受额外的破坏，同时考虑小雁塔自身质量较大，常规的激振器难以激发其固有频率，本书采用脉动法对小雁塔结构的动力特性进行现场测试，并对测试信号进行模态分析，得出不同状态下小雁塔结构的各阶次自振频率和阻尼比。

4.3.1 测试仪器设备

本次测试工作采用 INV3060A 多通道动态数据采集仪，941-B 型拾振器等，试验设备如图 4-7 所示。

(a) INV3060A多通道动态数据采集仪

(b) 941-B型拾振器

图 4-7 动力特性测试设备

测试中使用的仪器设备均通过了陕西省计量科学研究院的计量检定，在有效的使用期内。测试软件为北京东方振动研究所开发研制的 DASP V10 专业版数据采集与信号处理软件。测试结束后，利用模态分析软件对结果进行分析计算。

4.3.2　测点布置

砖石古塔动力特性测试的主要目的是根据古塔结构的结构形式和构造特征来选择测点布置方式，从而得到古塔结构的自振频率、周期和振型等。小雁塔塔身质量均匀，设定东西为 x 向，南北为 y 向，竖直为 z 向；在 13 层楼面处设置三个 891-B 型低频拾振器，作为本次测试的基准参考点，分别采集水平和竖向响应；其余测点沿高度方向从地面至塔顶均匀布置，x、y 向分为两组分别测试，传感器测点布置具体位置见表 4-6，现场测试情况如图 4-8 所示。

测点布置表　　**表 4-6**

测点	位置	方向	测点	位置	方向
1	1 层	xyz	6	7 层	xy
2	2 层	xyz	7	9 层	xyz
3	3 层	xz	8	11 层	xy
4	4 层	xy	9	13 层	xyz
5	5 层	xyz			

(a) 现场测试

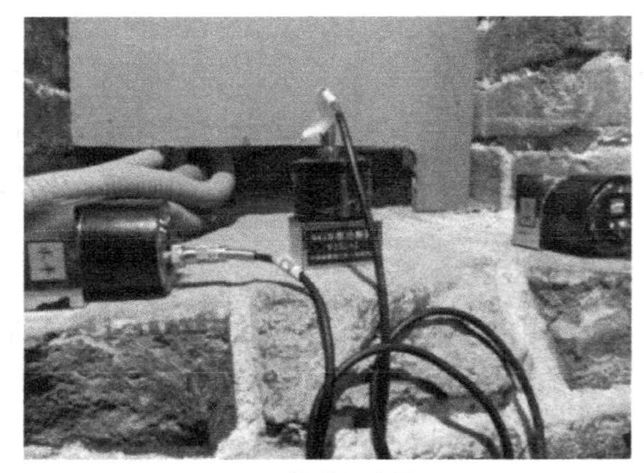
(b) 传感器布置

图 4-8　现场测试图

4.3.3　测试结果

根据现场测试结果可得小雁塔结构的水平方向自振频率、阻尼比和振型等动力特性。动力特征值见表 4-7，振型如图 4-9 所示。

小雁塔动力特征值　　**表 4-7**

项目	第一振型	第二振型	第三振型
频率(Hz)	1.348	3.401	5.303
周期(s)	0.74	0.29	0.19
阻尼比(%)	0.902	2.201	6.560

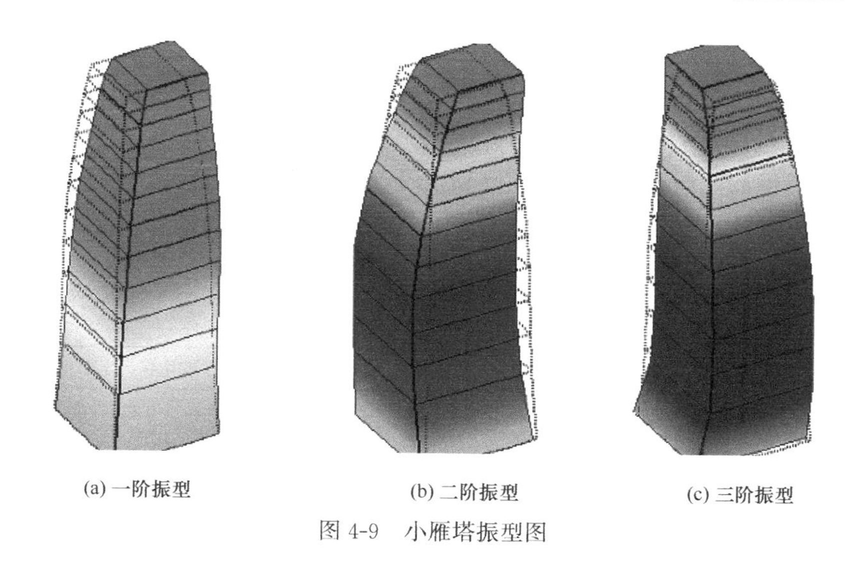

(a) 一阶振型　(b) 二阶振型　(c) 三阶振型

图 4-9　小雁塔振型图

4.4 小雁塔抗震性能评估

小雁塔经历了上千年自然灾害的侵袭和人为的破坏，塔体多处已经严重损伤，存在较多的薄弱部位，同时小雁塔也经过多次的修整修复，改变了其内部的结构形式，从而对小雁塔的抗震性能也有一定的影响，因此有必要对小雁塔现状的抗震性能进行评估。小雁塔结构抗震性能评估流程如图 4-10 所示。

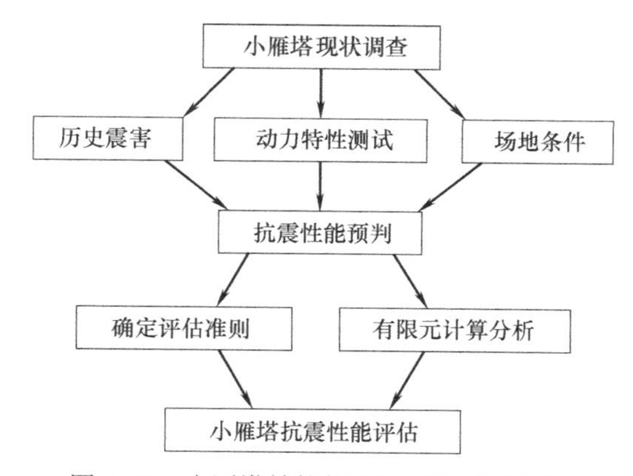

图 4-10　小雁塔结构抗震性能评估流程图

4.4.1 小雁塔抗震性能预判

通过上述对小雁塔结构的现场调查，全面了解小雁塔结构的场地条件、历史灾害造成的损伤、现有结构特点以及材料的基本性能等基础资料。根据实际勘查资料建立量化的综合指数，对古塔结构抗震性能进行预判评估。主要的评估指数有：倾斜度指数、裂缝指数、表面破坏指数、塔顶破坏指数、砌体风化指数和场地条件指数等，其综合指数 γ 的计算公式如下：

$$\gamma = \sum_{i=1} \alpha_i \gamma_i \tag{4-6}$$

其中，γ 为古塔抗震性能综合评估指数，α_i 为评估项加权因子，γ_i 为评估项目指数。

本书对国内多处典型砖石古塔结构的地震破坏现象进行了调查，总结了地震灾害对砖石古塔结构破坏的主要情况，如表 4-8 所示。同时根据文献中所用方法来确定各评估项目的综合指数取值，加权因子如表 4-9 所示，评估指数的取值如表 4-10 所示。

地震灾害对砖石古塔结构破坏的主要情况调查表　　表 4-8

古塔名称	建造年代	结构形式	破坏状况
龙护舍利塔	元代	密檐式方塔	塔底至顶裂缝贯通，局部失稳
洪山宝塔	1280 年	楼阁式砖塔	墙体微裂，石梁存在断裂，塔身微倾
兴教寺玄奘塔	669 年	楼阁式砖塔	基础下沉，塔檐裂缝贯通，塔身多处开裂
镇国寺塔	1045 年	密檐式方塔	塔基残损，塔顶坍塌，塔身多处开裂
盐亭笔塔	1888 年	重檐楼阁式	一层以上全部坍塌
法门寺塔	1579 年	楼阁式砖塔	中轴开裂，雨后一半坍塌
崇文塔	1556 年	楼阁式砖塔	塔顶震落，券洞、塔身严重开裂
中江南塔	1610 年	楼阁式砖塔	塔刹震落，塔檐坍塌，塔身密布横竖裂缝
大雁塔	684 年	楼阁式砖塔	地基下沉，倾斜
大象寺塔	唐代	叠涩密檐塔	垂直方向倾斜 4°以上
虎丘塔	959 年	楼阁式砖塔	倾斜 2°48′以上
奎光塔	1831 年	楼阁式砖塔	10 层以上通裂，坍塌严重

砖石古塔抗震性能评估加权因子取值　　表 4-9

加权因子	α_1	α_2	α_3	α_4	α_5	α_6
取值	0.35	0.05	0.15	0.2	0.05	0.2

砖石古塔抗震性能评估指数　　表 4-10

指数	γ_1 倾斜角度	γ_2 损坏面积占总面积比例	γ_3 塔顶情况	γ_4 裂缝情况	γ_5 风面积占总面积比	γ_6 场地情况
0.2	＞5°	＞50％	完全塌落	每 m^2＞3 条，宽度＞1mm，高度＞1/2 层高	风化系数＜0.4，风化面积＞75％	软弱场地，地形不利抗震
0.4	4°～5°	30％～50％	局部塌落	每 m^2＞3 条，宽度＜1mm，高度＞1/2 层高	风化系数 0.4～0.8，风化面积＞75％	软弱场地，地形有利抗震
0.6	3°～4°	10％～30％	严重破坏	每 m^2＞1 条，宽度＞0.5mm，高度＜1/2 层高	风化系数 0.4～0.8，风化面积＜50％	中硬场地
0.8	2°～3°	＜10％	存在破坏	每 m^2＞1 条，宽度＜0.5mm，高度＜1/2 层高	风化系数＞0.8，风化面积＜50％	坚硬场地，地形不利抗震
1.0	＜2°	表面完好	保存完好	无明显裂缝	无明显风化	坚硬场地，地形有利抗震

当 γ＞0.8 时，为 A 类古塔，说明古塔的抗震性能良好，进一步抗震验算后若古塔满

足要求，可不进行修复处理，若不满足抗震要求，应找出结构的薄弱环节，有针对性地制定修复方案进行修复处理；当 $0.5 \leqslant \gamma < 0.8$ 时，为 B 类古塔，说明古塔处于中等破坏状态，抗震能力不足，宜尽早制定修复方案进行修复；当 $0.35 \leqslant \gamma < 0.5$ 时，为 C 类塔，说明古塔破坏严重，抗震能力差，应尽快进行修复；当 $\gamma < 0.35$ 时，为 D 类塔，说明古塔为危塔，抗震能力很差，应立即采取有效措施进行临时修复，防止古塔进一步破坏，同时应立即制定修复方案对其进行全面修复。结合现场调查的结果，确定小雁塔抗震性能综合指数，由式（4-6）可得：

$$\gamma = \sum_{i=1} \alpha_i \gamma_i = 0.35 \times 1.0 + 0.05 \times 0.8 + 0.15 \times 0.2 + 0.2 \times 0.6 + 0.05 \times 0.6 + 0.2 \times 0.2 = 0.61$$

根据上述方法，可初步判断小雁塔为 B 类古塔，抗震能力不足，宜尽早进行保护修复处理。同时，应通过进一步的抗震计算和模拟分析确定结构的薄弱部分，划分抗震级别，制定修复方案。

4.4.2 小雁塔抗震性能评估方法和评判建议

一般情况下，采用层间位移角作为衡量结构变形能力从而判断建筑结构是否满足抗震能力的标准，由于古塔结构使用的材料经历了数百年甚至上千年的风化，其强度具有不确定性，不能单纯用其变形能力来判断古塔结构的抗震性能。因此，本书采用以极限位移与极限承载力联合的方法来评估小雁塔结构的抗震性能。

根据我国抗震规范的“三水准”设防要求和“小震不坏”及“大震不倒”的变形限值，通过试验得到砌体结构在弹性阶段、塑性变形及倒塌破坏三种状态的层间位移角的限制。但是，没有考虑古塔结构的特殊性，因此本书综合考虑小雁塔结构的材料、风化和历史破坏等方面原因，并结合砖石古塔历史意义和保护价值，参考《建筑抗震设计规范》GB 50011—2010，《砌体结构设计规范》GB 50003—2011 和模拟小雁塔结构墙体试验结果数据，得到小雁塔结构各种损伤状态所对应的层间位移角比值建议区间，如表 4-11 所示。

小雁塔结构层间位移角比值建议区间 **表 4-11**

性能水平	完好	基本完好	轻微破坏	中等破坏	严重破坏	倒塌
层间位移角比值	<1/2900	1/2900～1/1800	1/1800～1/1200	1/1200～1/800	1/800～1/500	>1/500

小雁塔结构的砌体材料是一种脆性材料，其单轴抗压强度远远大于单轴抗拉强度，在地震荷载作用下，塔身砌块墙体多表现为主拉应力引起的剪切型破坏。因此，当小雁塔结构砌体单元的主拉应力大于其轴心抗拉强度时，塔身即开裂，利用主拉应力可以评判砌块单元的破坏状态。根据相关文献的规定，砌体的轴心抗拉强度平均值为：

$$f_{t,m} = k_3 \sqrt{f_2} \tag{4-7}$$

式中：$f_{t,m}$ 为砌体轴心抗拉强度平均值；f_2 为砂浆强度；k_3 为分项系数，对黏土砖取 $k_3 = 0.141$。

由上文现场调查可知，小雁塔塔体砂浆强度取 0.4MPa，可得其塔身砌体结构轴心抗拉强度平均值 $f_{t,m} = 0.141 \times \sqrt{0.4} = 0.089\text{MPa}$。因此，当砌体单元的主拉应力小于或等于0.089MPa时，小雁塔结构处于弹性阶段，结构完好；当砌体单元的主拉应力大于0.089MPa时，小雁塔结构进入弹塑性阶段，结构开裂破坏。

4.4.3　小雁塔有限元分析模型建立

砖石古塔结构的有限元模型与砌体结构类似，有两种不同的模式即：离散式模型和整体式模型。离散式模型是将砂浆和砌块分别采用不同的材料进行建模，并考虑二者的接触及粘结滑移等问题，离散式模型可以较真实地反映砌体结构的特点，可模拟砌块与砂浆之间的作用，但该方法建模繁琐、划分单元多且计算量大，只适用于小型砌块等模拟计算。整体式模型是将砂浆与砌块作为一个整体来考虑，将砌体单元视为各向同性，或各向异性的均匀连续体，忽略砌块与砂浆之间的相互作用，整体式模型易于建模，适用于研究结构的宏观反应情况。

众所周知，小雁塔塔身材料为黄土烧结砖，局部楼板有历年修缮修复时采用的一些混凝土材料，且塔身内部夹杂有黄土，截面变化，构造复杂。若采用离散式模型不仅建模繁琐且会受计算机性能的限制，有限元分析模型比较复杂。一般而言历史建筑的抗震保护分析在结构的弹性阶段，而小雁塔结构是重要的历史建筑，对其进行有限元分析和变形控制等有别于普通建筑结构，故本书以最大限度保护小雁塔结构抗震性能为原则，为便于建模和计算分析，文中采用具有各向同性的简化连续体分析模型，应用ANSYS有限元软件来建立小雁塔结构的有限元模型并进行计算分析。根据现场调查确定小雁塔有限元分析所用材料参数为，砌体弹性模量取703MPa，密度为1200kg/m^3，泊松比取0.15；混凝土弹性模量取3.0×10^4MPa，密度为2400kg/m^3，泊松比取0.16，单元选取三维8节点实体单元SOLID65，对小雁塔塔体挑檐进行必要简化。

4.4.4　有限元分析计算结果

西安地区抗震设防烈度为8度，场地为Ⅱ类场地土，有限元计算中选取了与Ⅱ类场地接近的两条天然波（El-Centro波和汶川波）和一条人工波作为激励输入，考察小雁塔结构在8度小震、8度中震及8度大震下的地震响应情况。

（1）小雁塔结构位移响应

小雁塔结构在8度小震、8度中震及8度大震下各层的最大水平位移如表4-12和图4-11所示，最大层间位移角比值如表4-13和图4-12所示。

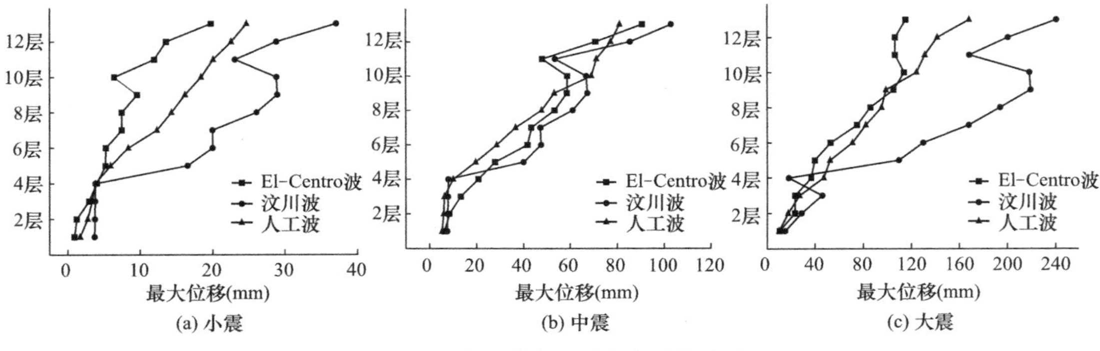

图4-11　小雁塔各层最大水平位移图

小雁塔结构各层最大水平位移（mm） **表 4-12**

层数	El-Centro 波			汶川波			人工波		
	小震	中震	大震	小震	中震	大震	小震	中震	大震
1层	0.92	6.41	10.29	3.69	7.51	14.93	1.69	5.34	9.86
2层	1.23	8.45	22.99	3.73	7.74	28.48	2.73	5.98	17.38
3层	2.91	13.28	23.15	3.75	7.86	46.01	3.35	6.29	26.79
4层	3.99	20.75	36.69	3.80	7.99	17.90	3.78	10.06	47.20
5层	5.19	27.93	39.77	16.54	40.03	109.67	5.88	19.63	52.43
6层	5.21	41.70	52.93	19.98	47.64	129.80	8.36	28.57	71.08
7层	7.47	7.47	75.02	19.97	47.34	167.94	12.31	36.61	82.16
8层	7.48	53.42	85.94	26.07	61.10	194.05	14.33	47.88	95.33
9层	9.60	58.71	105.27	28.96	67.42	219.31	16.19	53.29	98.91
10层	6.42	58.84	114.02	28.84	66.91	218.36	18.41	69.11	124.36
11层	11.95	48.19	106.62	23.08	53.61	168.42	20.08	71.23	131.21
12层	13.59	70.86	106.59	28.84	85.54	200.47	22.56	77.30	141.53
13层	19.76	90.65	115.24	37.08	103.11	240.63	24.67	81.11	168.27

小雁塔结构最大层间位移角比值 **表 4-13**

层数	El-Centro 波			汶川波			人工波		
	小震	中震	大震	小震	中震	大震	小震	中震	大震
1层	1/2854	1/1911	1/1144	1/2114	1/1431	1/1097	1/2462	1/1365	1/1107
2层	1/2027	1/1815	1/1254	1/1989	1/1498	1/1143	1/2045	1/1208	1/1142
3层	1/2570	1/2817	1/1146	1/1506	1/1303	1/917	1/2078	1/1372	1/1067
4层	1/3777	1/2050	1/1040	1/2384	1/1250	1/883	1/2142	1/1249	1/975
5层	1/2110	1/1901	1/902	1/3132	1/1191	1/852	1/1855	1/1090	1/929
6层	1/2053	1/1608	1/840	1/2139	1/1088	1/706	1/1868	1/1157	1/790
7层	1/1961	1/1431	1/788	1/1947	1/971	1/523	1/1941	1/944	1/632
8层	1/1803	1/1476	1/547	1/1953	1/926	1/401	1/1882	1/809	1/553
9层	1/1814	1/1106	1/531	1/1941	1/815	1/412	1/1845	1/770	1/542
10层	1/1975	1/940	1/447	1/2032	1/731	1/377	1/1909	1/536	1/451
11层	1/1984	1/885	1/504	1/1906	1/757	1/343	1/1877	1/679	1/443
12层	1/1841	1/759	1/457	1/1898	1/663	1/237	1/1869	1/608	1/362
13层	1/1834	1/652	1/415	1/1822	1/558	1/271	1/1811	1/656	1/328

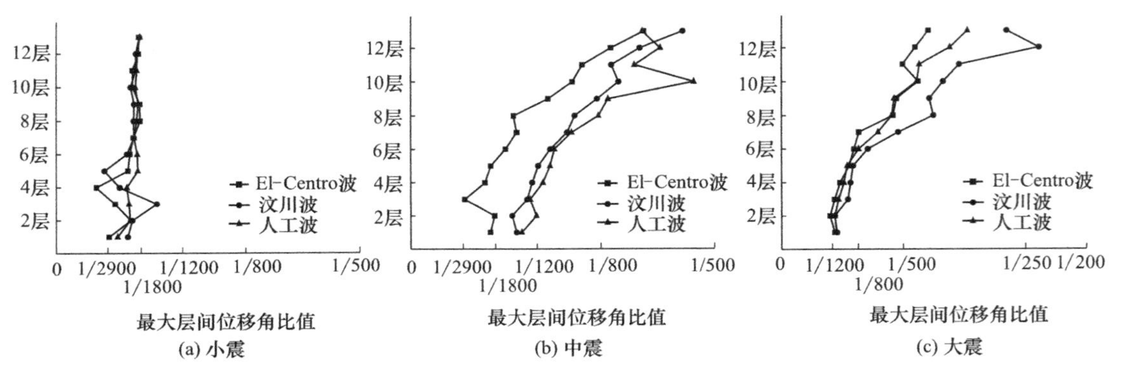

图 4-12 小雁塔结构最大层间位移角比值图

(2) 小雁塔结构应力响应

小雁塔结构在 8 度小震、8 度中震及 8 度大震下主拉应力最大值及主应力图如表 4-14 和图 4-13 所示。

小雁塔结构主拉应力最大值表（MPa） **表 4-14**

层数	El-Centro 波			汶川波			人工波		
	小震	中震	大震	小震	中震	大震	小震	中震	大震
1 层	0.052	0.075	0.107	0.061	0.077	0.111	0.055	0.069	0.091
2 层	0.043	0.080	0.341	0.066	0.106	0.265	0.068	0.106	0.286
3 层	0.033	0.111	0.163	0.031	0.125	0.177	0.022	0.096	0.174
4 层	0.042	0.134	0.201	0.041	0.114	0.191	0.032	0.074	0.186
5 层	0.083	0.049	0.246	0.033	0.083	0.175	0.029	0.065	0.206
6 层	0.061	0.123	0.194	0.056	0.094	0.149	0.031	0.117	0.159
7 层	0.053	0.107	0.128	0.091	0.108	0.155	0.049	0.094	0.160
8 层	0.056	0.072	0.108	0.079	0.084	0.133	0.032	0.088	0.151
9 层	0.050	0.072	0.093	0.037	0.046	0.125	0.022	0.073	0.127
10 层	0.053	0.040	0.054	0.028	0.029	0.092	0.019	0.059	0.098
11 层	0.035	0.023	0.052	0.026	0.021	0.082	0.011	0.051	0.090
12 层	0.027	0.039	0.049	0.025	0.019	0.073	0.015	0.032	0.053
13 层	0.012	0.018	0.063	0.011	0.017	0.071	0.013	0.037	0.061

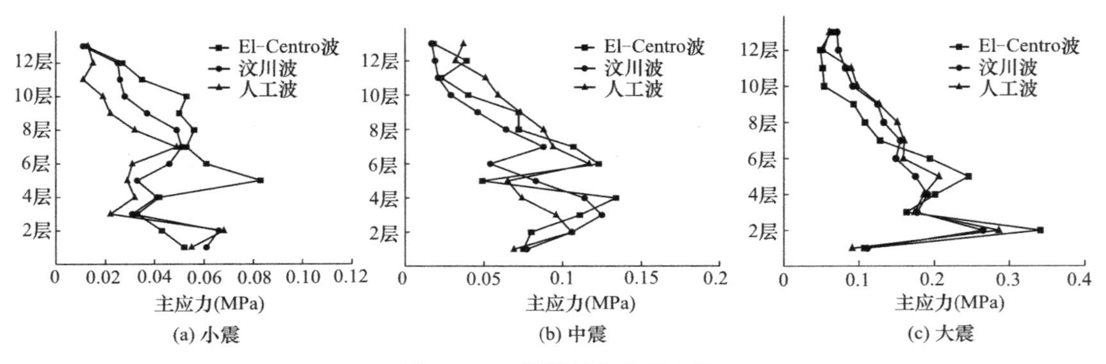

图 4-13 小雁塔结构主应力图

4.4.5 评估小雁塔抗震性能

根据有限元计算结果，并应用位移和应力判定准则可对小雁塔结构的抗震性能做出具体的评估。

(1) 8 度小震作用

由表 4-13 可知，8 度小震作用下，塔身的层间位移角最大值在 1/3777～1/1811 之间，从其分布可以看出较低层的位移角变化较大，而随着层高的增加，不同地震波作用下层间位移角值逐渐趋于一致，但整体层间位移角小于 1/1800，因此，可认为小雁塔结构处于弹性状态，不发生破坏，基本完好。

由表 4-14 和图 4-13 可以看出，El-Centro 波作用下，主拉应力主要集中在第 2 层、第 5 层和第 8 层，最大主应力为 0.083MPa 出现在第 5 层，虽然其最大主应力值未超过轴心抗拉强度值 $f_{t,m}$=0.089MPa，但还是可判定小雁塔结构的裂缝首先在该处产生，然后裂缝会在第 5 层处同时向上、下发展。汶川波作用下，主拉应力主要集中于底部和塔身中部，主拉应力最大值为 0.091MPa，且位移较 El-Centro 波和人工波大，可以判定汶川波作用对小雁塔结构的影响较大。

(2) 8 度中震作用

由表 4-13 可知，8 度中震作用下，塔身各层的层间位移角最大值与 8 度小震分布不同。El-Centro 波对小雁塔的影响较小，其中 1～5 层小于 1/1800，第 6～8 层在 1/1800～1/1200 之间，第 9～11 层处于 1/1200～1/800 之间，10 层以上层间位移角最大值大于 1/800，但小于 1/500，由此可判断小雁塔结构塔身下部处于弹性状态，不发生破坏；6～8 层塔体结构出现轻微破坏；9～10 层结构发生中等破坏；10 层以上塔体结构发生较严重破坏，存在倒塌风险。汶川波和人工波在中震作用下对小雁塔的影响较大，塔身中部就会发生中等程度的破坏，塔身顶部的倒塌风险较大。

由图 4-13 和表 4-14 可以看出，El-Centro 波作用下，主拉应力主要集中在第 2、3、6、7 和第 8 层，其值均大于轴心抗拉强度值 $f_{t,m}$=0.089MPa，最大主应力为 0.123MPa 出现在第 6 层；汶川波作用下，主拉应力主要集中于塔体底部的中央附近，且最大主拉应力均较大；人工波作用下，主拉应力主要集中在第 2 层和第 6 层。由上述分析可判定：小雁塔结构的主裂缝将从塔身中下部开始沿竖直方向向上、下同时发展，且裂缝位于受力薄弱的券洞处，最终形成竖向贯通裂缝，结构发生较为严重的破坏。

(3) 8 度大震作用

由表 4-13 可知，8 度大震作用下，塔身各层的层间位移角较小震和中震均明显增大，其中 6 层以下大部分层间位移角的值分布在 1/1000 附近，而 6 层以上层间位移角突然增大；由此可判断小雁塔结构大部分塔身都已出现严重破坏，尤其是在 6 层以上破坏将非常严重。由图 4-13 和表 4-14 可以看出，在 8 度大震作用下小雁塔塔身各层的应力值均较大，尤其是下部结构最大主应力可达 0.341MPa。由此可以看出，小雁塔结构将发生更为严重的破坏，塔身竖向贯通的裂缝会迅速发展，且裂缝宽度变大，同时塔身上部结构处由于位移过大状态，可能出现坍塌的危险，同时也存在着将塔体从各层券洞处“一分为二”的倒塌形式的风险。

4.5 本章小结

通过对小雁塔的现场调查、测试和抗震性能评估等工作，分析了小雁塔结构的保护现状和抗震性能以及存在的问题，得出以下主要结论：

（1）根据现有的历史资料、修缮说明及现场观察可以看出，小雁塔历经了自然灾害侵袭及人为破坏的影响，虽然经过多次修复修缮后整体结构基本完好，但塔身存在较多裂缝、风化、内部黄土裸露等严重的内部损伤。

（2）小雁塔原位回弹和贯入检测表明，小雁塔结构现有的砖砌体的强度较低，尤其是胶结材料橙黄泥的强度很低，小雁塔结构的抗震承载力较差。同时原位动力特性测试准确地得到了小雁塔结构的自振频率、振型和阻尼比等动力特性，为小雁塔结构的动力特性研究提供了基础。

（3）利用极限位移与极限承载力联合的方法来评估小雁塔结构的抗震性能，确定了以层间位移角和主拉应力判断小雁塔结构破坏的方法，初步判断小雁塔为B类古塔。

（4）通过有限元计算分析对小雁塔的抗震性能做出评估，8度小震作用下小雁塔塔身处于弹性阶段，基本上不发生破坏，但是应力主要集中在塔身第5层处，裂缝会由此处沿塔身上下开裂，开裂过程中会吸收部分地震能量，因此裂缝不会有较大的发展；8度中震作用下塔身将形成较大的贯通裂缝，破坏较为严重；8度大震作用下小雁塔结构上部由于位移过大，可能出现坍塌的危险，同时也存在着将塔体从各层券洞处一分为二的风险。

（5）小雁塔在8度中震下将出现严重的破坏，8度大震下有坍塌的危险，应尽早进行无损性能增强保护处理，防止在强震中发生毁灭性的破坏。

第 5 章 无损性能增强古塔振动台试验研究

5.1 引言

多数古塔自建成以来，都经受了自然和人为的破坏，整体抗震性能差，亟需保护，因此，为了使古塔可以永世长存，对古塔的保护工作是势在必行的。古建筑物修复工作遵循“修旧如旧”的基本原则，对砖石结构古建筑物采用无损性能增强技术既可以实现“修旧如旧”又可使结构性能指标增强的效果。

前述章节对性能增强材料性能、墙体抗震性能进行了初步研究，本章中将以小雁塔为典型研究对象，制作 1：10 实体模型，对基材模型结构和无损性能增强模型结构进行对比，得到小雁塔模型结构在振动台试验中的损坏现象及地震动力反应特性，了解性能增强结构指标变化情况，对所选取的性能增强材料对砖石结构古建性能增强效果进行了基础性试验、验证。

5.2 小雁塔振动台试验模型设计与制作

5.2.1 模型设计相似理论

基于 Buckingham'π 定理，对于结构的地震反应问题，在线弹性范围内，可表述为如下函数关系：

$$\sigma=f(L,E,\rho,t,r,\nu,a,g,\omega) \tag{5-1}$$

式中：σ 为反应应力；L 为几何尺寸；E 为弹性模量；ρ 为质量密度；t 为时间；r 为反应变位；ν 为反应速度；a 为反应加速度；g 为重力加速度；ω 为自振频率。

取 L，E，ρ 为基本量：$[L]=L$，$[E]=E$，$[\rho]=\rho$ 那么其余各量均可表示为 L，E，ρ 的幂次单项式，由量纲分析可得无量纲 π（即相似判据），具体为：

$$\pi_0=\frac{\sigma}{E};\pi_4=\frac{t}{LE^{-0.5}\rho^{0.5}};\pi_5=\frac{r}{L};\pi_6=\frac{\nu}{L^{-2}E\rho^{-1}}\pi_7=\frac{a}{L^{-1}E\rho^{-1}};$$

$$\pi_8=\frac{g}{L^{-1}E\rho^{-1}};\pi_9=\frac{\omega}{L^{-1}E^{0.5}\rho^{-0.5}} \tag{5-2}$$

定义 A 在原型结构中的数值为 A_{P}，在模型结构中的数值为 A_{m}，那么在模型设计中 A 的相似比为 $A_{\mathrm{r}}=A_{\mathrm{m}}/A_{\mathrm{p}}$。为了在模型地震试验中模型可以较好的反映原型结构在实际地震中的反应，基于式（5-3）给出的各无量纲积，模型设计的各量的相似比必须满足以下条件：

$$\frac{\sigma_r}{E_r}=1;\frac{\sqrt{\frac{E_r}{\rho_r}}}{\nu_r}=1;\frac{L_r\sqrt{\frac{\rho_r}{E_r}}}{t_r}=1;\frac{\frac{E_r}{\rho_r L_r}}{a_r}=1;\frac{L_r}{r_r}=1;\frac{\frac{\sqrt{\frac{E_r}{\rho_r}}}{L_r}}{\omega_r}=1 \tag{5-3}$$

分析上述所列的所有相似条件可以发现，要想让试验模型都满足式（5-3）的所有要求是难以实现的，这主要是由于在进行振动台试验时，试验条件的限制使得重力加速度一般不可改变，故应满足，从而导致有关系式。这样就要求三者必须相互关联，这就要求在确定模型几何尺寸时，重点需要考虑模型的材料性能时候能够满足关系，要么密度小和弹性模量小，要么密度大和弹性模量也大，这样的模型材料才能满足要求，这就给设计带来了很大的困难，虽然理论上可以增大重力加速度解决这个问题，但由于振动台的限制很难实现，为了解决这一问题，目前广泛应用的有以下三种方法：

（1）人工质量模型：模型在缩尺后通过计算其应有的人工质量，如果模型的惯性力对质量在模型上的分布位置没有准确要求，那么计算所得的人工质量就可以全都加入模型当中，以此来弥补模型在重力效应和惯性效应方面的不足。

（2）忽略重力模型：在试验中会有一些特殊模型，如重力效应起到的作用非常小不足以使得模型产生足够的应力变形，只需要考虑惯性效应就可以，这一类结构在设计中就可以不考虑重力加速度，设计时候材料的选择也就相对自由一些。

（3）欠人工质量模型：在试验中由于振动台本身条件的限制，例如极限承载力和台面尺寸等，使得计算所得的全部人工质量不可能全部加入模型当中去，为了可以尽可能地弥补模型在重力效应和惯性效应方面的不足，在设计时候根据计算的条件应当尽最大可能地对模型加入人工质量。

在线弹性范围内，地震模拟试验的相似律可以归纳为表5-1。

地震模拟试验的相似律　　　　**表5-1**

物理量	人工质量模型		忽略重力质量模型	
	使用原材料	使用非原材料	使用原材料	使用非原材料
长度	L_r	L_r	L_r	L_r
模量	$E_r=1$	E_r	$E_r=1$	E_r
材料密度	$\rho_r=1$	ρ_r	$\rho_r=1$	ρ_r
应力	$\sigma_r=E_r=1$	$\sigma_r=E_r$	$\sigma_r=E_r$	$\sigma_r=E_r$
时间	$t_r=L_r^{0.5}$	$t_r=L_r^{0.5}$	$t_r=L_r$	$t_r=L_r\rho_r^{0.5}E_r^{-0.5}$
变位	$r_r=L_r$	$r_r=L_r$	$r_r=L_r$	$r_r=L_r$
速度	$\nu_r=L_r^{0.5}$	$\nu_r=L_r^{0.5}$	$\nu_r=1$	$\nu_r=E_r^{0.5}\rho_r^{-0.5}$
加速度	$a_r=1$	$a_r=1$	$a_r=L_r^{-1}$	$a_r=E_r\rho_r^{-1}L_r^{-1}$
重力加速度	$g_r=1$	$g_r=1$	—	—
频率	$\omega_r=L_r^{0.5}$	$\omega_r=L_r^{0.5}$	$\omega_r=L_r^{0.5}$	$\omega_r=L_r^{-1}E_r^{0.5}\rho_r^{-0.5}$
人工质量	$m_a=L_r^2m_p-m_m$	$m_a=E_rL_r^2m_p-m_m$	$m_a=L_r^2m_p-m_m$	$m_a=E_rL_r^2m_p-m_m$

上述三种模型的差别仅在于是否设置人工质量和设置多少人工质量，那么，在相似律推导中可定义一个与人工质量多少有关的变量，称之为模型的等效质量密度：

$$\bar{\rho}_r=\frac{m_m+m_a+m_{om}}{L_r^3(m_p+m_{op})} \tag{5-4}$$

式中：m_m 为模型的质量；m_{om} 为模型中活载的质量；m_a 为人工质量；m_p 原型的质量；m_{op} 原型中活载与非结构构件的质量。

通过建立等效密度的定义，可以简单得出设置任意数量的附加质量模型相似关系，称之为一致相似律，见表 5-2。

一致相似律 **表 5-2**

物理量	使用原性材料	使用非原性材料
长度	L_r	L_r
等效模量	$E_r=1$	E_r
等效密度	$\bar{\rho}_r=\frac{m_m+m_a+m_{om}}{L_r^3(m_p+m_{op})}$	$\bar{\rho}_r=\frac{m_m+m_a+m_{om}}{L_r^3(m_p+m_{op})}$
应力	$\sigma_r=E_r=1$	$\sigma_r=E_r$
时间	$t_r=L_r\bar{\rho}_r^{0.5}$	$t_r=L_r\bar{\rho}_r^{0.5}E_r^{-0.5}$
变位	$r_r=L_r$	$r_r=L_r$
速度	$\nu_r=\bar{\rho}_r^{-0.5}$	$\nu_r=E_r^{0.5}\bar{\rho}_r^{-0.5}$
加速度	$a_r=\bar{\rho}_r^{-1}L_r^{-1}$	$a_r=E_r\bar{\rho}_r^{-1}L_r^{-1}$
频率	$\omega_r=L_r^{-1}\bar{\rho}_r^{-0.5}$	$\omega_r=L_r^{-1}E_r^{0.5}\bar{\rho}_r^{-0.5}$

容易证明，在上表所列出的原型材料和非原型材料的一致相似律中，人工质量和忽略重力仅是其中的两种特别情况，分别对应于试验中的在试验模型加入计算所需的所有人工质量和不加人工质量两种情况。

在振动台试验中，处于弹性阶段的无论哪种模型，基本都能得到相差不大的试验结果，但是，最值得我们研究的并不是结构在弹性阶段，而是结构在弹塑性状态下的破坏情况和模型最先开始破坏的部位，然后根据所得的结果对结构进行地震动力反应分析。根据这一个情况，我们就可以发现这三种模型结构在试验中的结果就相差很大了，我们基本上认为在设置了充足人工质量的模型可以比较准确地反映结构的弹塑性状态，但是根据理论计算，另外两种模型结构就无法完全满足试验的要求。文献上记录许多振动台试验表明，忽略重力模型和欠人工质量模型就有可能比设置的完全人工质量的模型先破坏。这个结果是有理论根据的，设置的人工质量不足将会导致结构的水平惯性力减小，经验表明，这种情况完全可以增大加速度相似系数来解决。

5.2.2 小雁塔模型的设计与制作

(1) 小雁塔模型设计

小雁塔位于陕西省西安市，抗震设防烈度为 8 度地区，地震分组为第一组，设计基本地震加速度为 0.2g，场地类别为Ⅱ类，特征周期 T_g=0.35s。

综合考虑振动台的台面尺寸及承载能力，取尺寸相似系数 S_l=1/10，由于模型所选材料为砖砌体，其承载力等参数与原型结构基本相同，故可取 $S_E=1$。小雁塔结构质量主要来自墙体，模型设计采用欠人工质量方法，将配重设置在塔身墙壁的配重箱内。根据 Buckingham 理论和量纲分析，计算出模型和原型结构之间的相似关系，从而求得本次试验的各相似系数，如表 5-3 所示，模型结构设计如图 5-1 所示。

各相似系数表　　**表 5-3**

相似物理量	符号	公式	相似比
尺寸	S_l	模型 l/原型 l	0.1
弹性模量	S_E	模型 E/原型 E	1
质量	S_m	模型 m/原型 m	0.00361
密度	S_ρ	$S_\rho=S_m/S_l^3$	3.61
加速度	S_a	$S_a=S_E S_l^2/S_m$	2.77
应力	S_σ	$S_\sigma=S_E/S_a$	0.361
时间	S_t	$S_t=\sqrt{S_l/S_a}$	0.19
位移	S_w	$S_w=S_l$	0.1
速度	S_v	$S_v=\sqrt{S_l S_a}$	0.526
频率	S_f	$S_f=1/S_t$	5.26

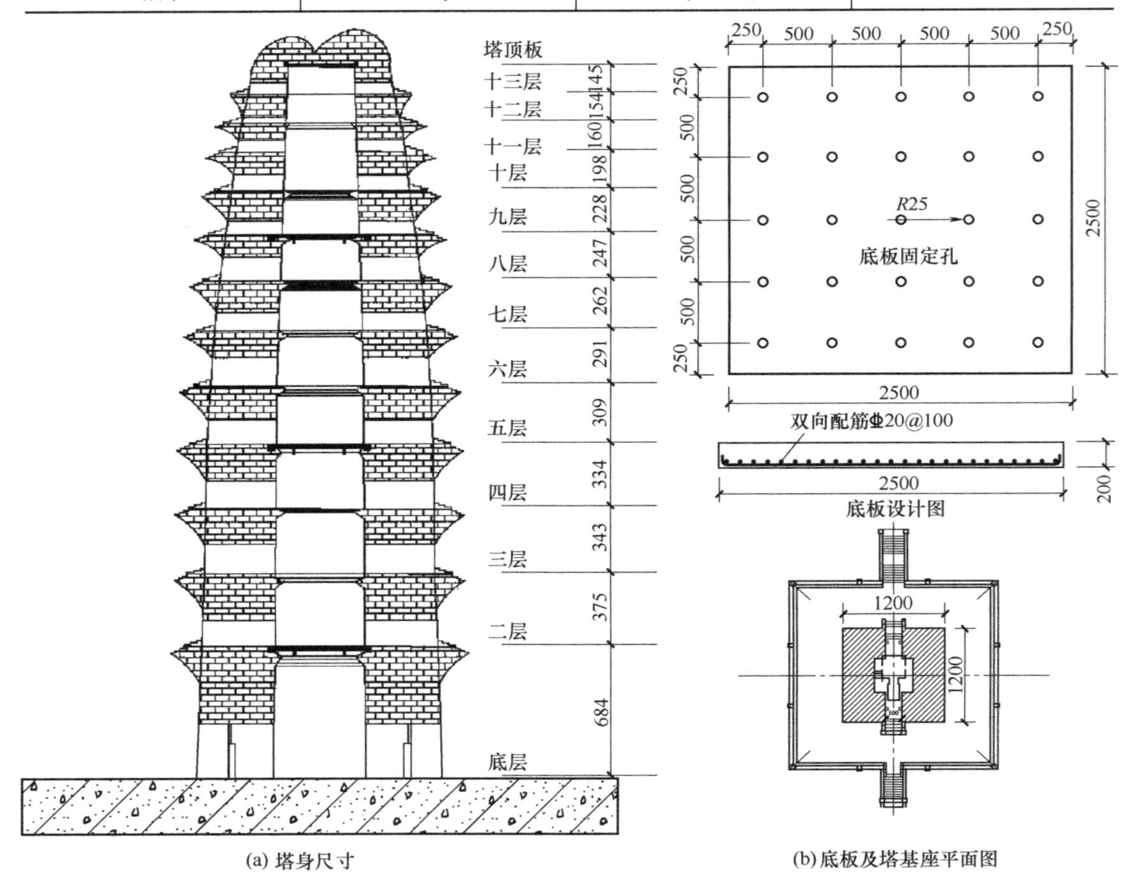

(a) 塔身尺寸　　(b) 底板及塔基座平面图

图 5-1　小雁塔模型结构设计图（mm）（一）

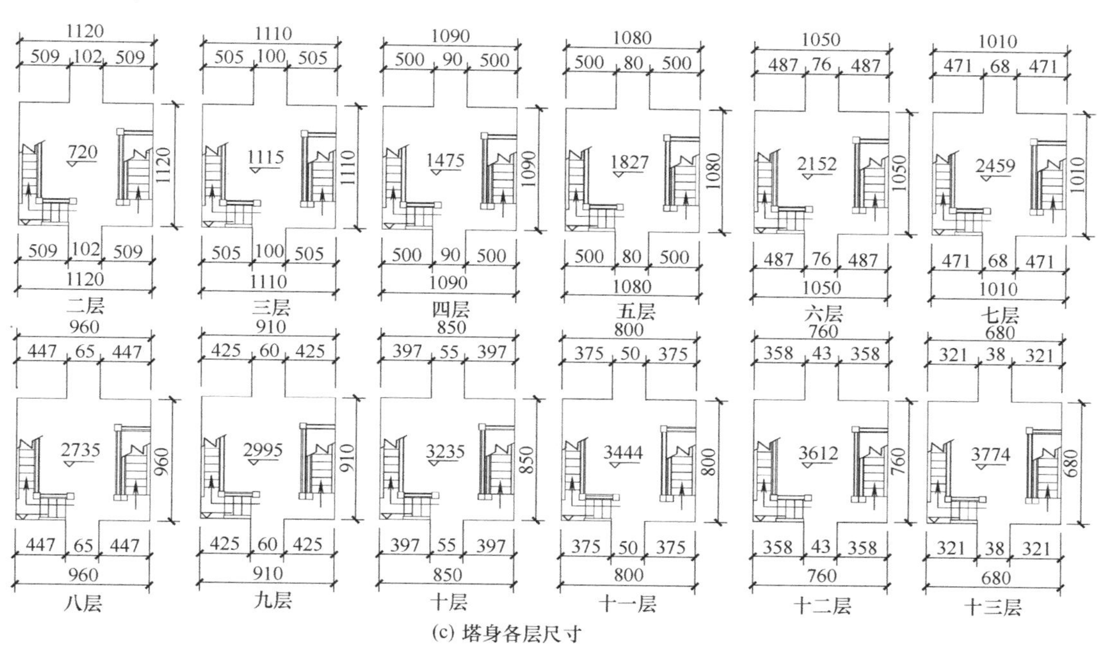

(c) 塔身各层尺寸

图 5-1 小雁塔模型结构设计图（mm）（二）

（2）小雁塔模型的制作

本次试验小雁塔模型为 1/10 缩尺模型，砌筑时所用的砖砌块为经切割加工处理后的青砖，加工后的砖砌块有 110mm×50mm×25mm 及 110mm×50mm×10mm 两种规格，其中 110mm×50mm×25mm 规格青砖用在塔身主体结构中，110mm×50mm×10mm 规格用于挑檐处，如图 5-2 所示。灰浆采用与小雁塔砌筑材料相近的材料，即由糯米浆、黄土、石灰和水按比例配制而成，与本书之前灰浆原材及墙体试验制作方法相同。

(a) 塔身主体用砖(110mm×50mm×25mm)

(b) 挑檐处用(110mm×50mm×10mm)

图 5-2 小雁塔模型用砖

试验模型制作顺序为先制作混凝土基座，再砌筑模型上部结构。混凝土基座尺寸根据振动台台面尺寸以及模型尺寸进行确定，施工时在基座上预留好用于固定的孔洞。砌筑模型上部结构时严格按照《砌体结构工程施工规范》GB 50924—2014 及《砌体结构工程施工质量验收规范》GB 50203—2011 中相关要求进行砌筑并进行质量控制。模型结构砌筑过程见图 5-3。

(a) 钢筋混凝土基座及第一层模型

(b) 模型第一层至第四层制作过程

(c) 模型第五层砌筑过程

(d) 模型第九层砌筑过程

(e) 模型第十一层砌筑过程

(f) 砌筑完毕实体模型

图 5-3　小雁塔模型结构砌筑过程

5.2.3　试验仪器设备及测点布置方案

（1）试验仪器设备

本次振动台试验设在西安建筑科技大学结构工程抗震试验室，振动台采用美国 MTS 生产的三向六自由度电液伺服模拟控制振动台，由计算机进行加载控制，该振动台主要技术参数指标如下：台面尺寸为 4.1m×4.1m；满载质量为 30t；满载水平向最大加速度为

1.5g；竖向最大加速度为1.0g；最大倾覆弯矩为80t·m；最大偏心弯矩为30t·m。试验数据采用LMS数据采集仪进行记录，加速度和位移传感器分别采用PCB加速度传感器和891型位移传感器。振动台及LMS数据采集仪见图5-4。

(a) 振动台现场图

(b) LMS数据采集仪

图5-4 试验仪器设备

（2）测点布置方案

本次小雁塔模型为对称结构，沿模型高度方向分别布置了18个加速度传感器和8个位移传感器，同时在振动台台面分别布置一个加速度传感器和一个位移传感器，具体布置方案如图5-5和表5-4所示。

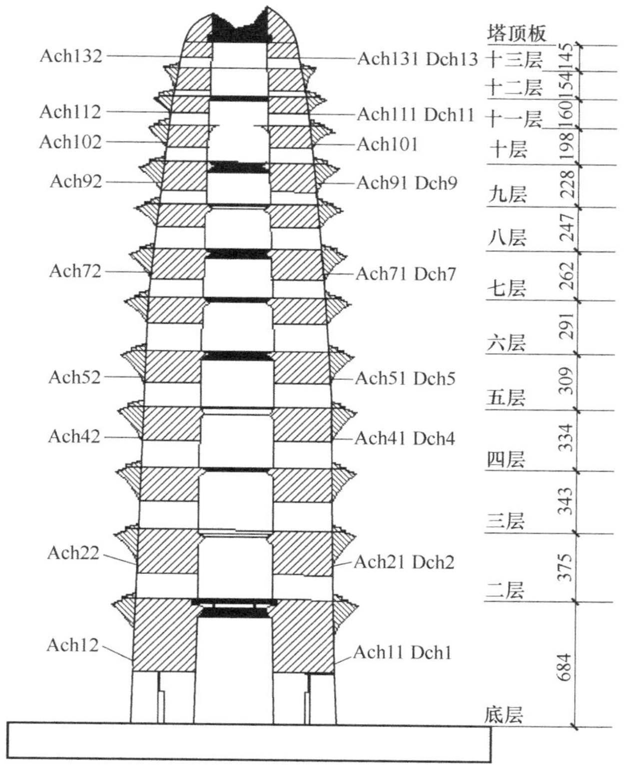

图5-5 模型传感器布置图

模型加速度、位移传感器布置表　　表5-4

测点位置	加速度		位移
	东侧	西侧	东侧
台面	TAch1	—	TDch1
1层	Ach1-1	Ach1-2	Dch1
2层	Ach2-1	Ach2-2	Dch2
4层	Ach4-1	Ach4-2	Dch4
5层	Ach5-1	Ach5-2	Dch5
7层	Ach7-1	Ach7-2	Dch7
9层	Ach9-1	Ach9-2	Dch9
10层	Ach10-1	Ach10-2	—
11层	Ach11-1	Ach11-2	Dch11
13层	Ach13-1	Ach13-2	Dch13

5.2.4 地震波的选取与试验工况组合

(1) 地震波的选取

根据《建筑抗震设计规范》GB 50011—2010中相关条文规定，本试验选取了2条真实强震记录[El-Centro波（NS）和汶川波（EW）地震记录]和1条人工波（上海波），进行模拟地震振动台试验。其中El-Centro地震记录，具有较大的加速度峰值，频谱特性丰富，在输入相同的加速度峰值时，可产生较大的地震反应；汶川地震距离陕西较近，对陕西地区的建筑结构产生了较大的影响，并且其持续时间长，反应剧烈，具有代表性；人工波为上海波，其频谱分布大，结构响应好，与小雁塔结构的自振频率较接近，适合此类古塔结构的模拟振动台试验。

小雁塔原型位于陕西省西安市碑林区，经查阅《建筑抗震设计规范》GB 50011—2010附录A，西安地区抗震设防烈度为8度，设计基本地震加速度值为0.20g，在振动台试验中分别考虑试验考虑8度小震、8度中震及8度大震下小雁塔模型结构的地震响应情况。强震记录主要参数如表5-5所示，强震记录和人工波的时程曲线如图5-6所示。

强震记录参数表　　表5-5

地震名称	地震波	震级	震中距(km)	地震时间	场地	加速峰值(g)
Imperial Valley	El-Centro	6.7	11.5	1940.5.18	Ⅱ	0.3417
汶川地震	汶川波	8.0	33	2008.5.12	Ⅱ	0.3048

(2) 试验工况组合

根据本试验研究特点，将本试验分为Ⅰ、Ⅱ两类，其中Ⅰ类是指小雁塔基材模型振动台试验，Ⅱ类是指采用改性环氧树脂性能增强后模型振动台试验。表5-6给出了Ⅰ类、Ⅱ类各试验工况。

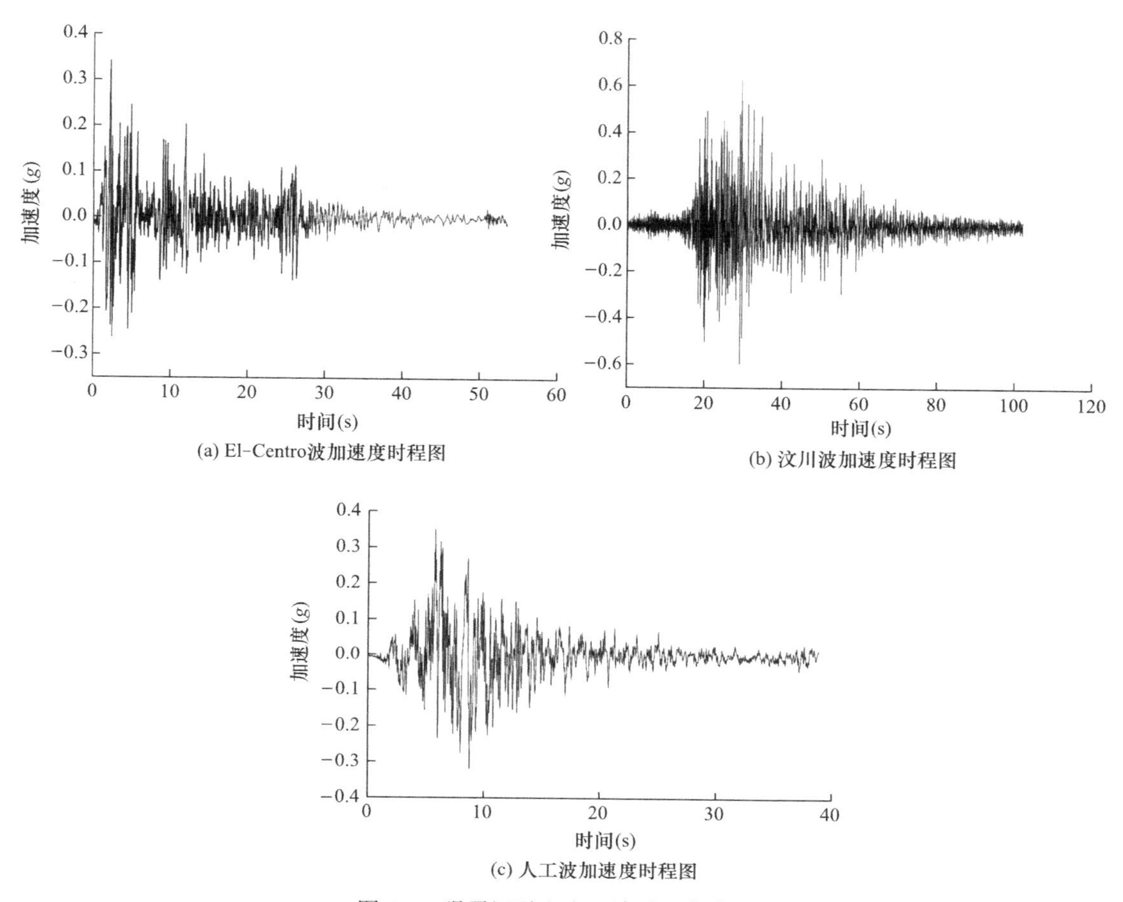

(a) El-Centro波加速度时程图

(b) 汶川波加速度时程图

(c) 人工波加速度时程图

图 5-6 强震记录和人工波时程曲线图

Ⅰ类、Ⅱ类各试验工况表 **表 5-6**

试验工况	试验编号		地震波	方向	加速度峰值(g)
8 度小震	Ⅰ1	Ⅱ1	白噪声	X	50
	Ⅰ2	Ⅱ2	El-Centro 波		200
	Ⅰ3	Ⅱ3	汶川波		
	Ⅰ4	Ⅱ4	人工波		
	Ⅰ5	Ⅱ5	白噪声		50
8 度中震	Ⅰ6	Ⅱ6	El-Centro 波	X	600
	Ⅰ7	Ⅱ7	汶川波		
	Ⅰ8	Ⅱ8	人工波		
	Ⅰ9	Ⅱ9	白噪声		50
8 度大震	Ⅰ10	Ⅱ10	El-Centro 波	X	900
	Ⅰ11	Ⅱ11	汶川波		
	Ⅰ12	Ⅱ12	人工波		
	Ⅰ13	Ⅱ13	白噪声		50

5.3　振动台试验现象

振动台试验现象如图 5-7 所示。在 8 度小震作用下，模型基本处于弹性状态，整体地震响应差别不大，通过观察设置在塔顶的细钢筋摆幅可以发现，振动台输入汶川波和人工波时钢筋端部摆幅较 El-Centro 波略大，即汶川波、人工波地震响应略大。输入相同的地震波，模型修复前与修复后相对比，修复前地震响应大于修复后模型结构，在该地震波作用下，小雁塔模型基本完好，基座、塔身、券洞等部位未发现开裂现象。当地震波峰值加速度达到 400g 时，两类试验各工况的结构响应比小震时均要明显，修复前结构振动明显，塔身上部晃动幅度较大，并伴有局部灰浆剥落，部分券洞处已经出现较为明显的开裂现象，模型底部墙体根部初现水平开裂现象。随着峰值加速度加至 600g，模型结构在不同工况下的地震响应有明显的不同，在相同地震波的作用下，基材模型在该地震波作用下顶部预设细钢筋振幅明显要大于修复后模型，修复后模型振动频率增大。基材模型在地震波作用下，模型东西两侧塔体底部裂缝从角部向中部开展，最终裂缝贯通整个塔体，局部与塔基脱开。券洞处裂缝开始增多并向墙身延伸，在地震波作用下，偶有砌块发生破裂的声音产生。随着地震波峰值加速度的增大，塔身挑檐部分砌块松动，灰浆脱落、破损较为严重。在 8 度大震作用下，结构修复后模型结构在各工况下顶部预设细钢筋的摆幅明显小于修复前结构，无损修复性能增强材料修复后结构的抗震性能有所提高。修复前模型试验过程中，小雁塔模型结构在汶川波和人工波的作用下整体结构响应最大，模型结构整体摆

(a) 模型根部通缝

(b) 券洞及塔身裂缝

(c) 底部转角处开裂

(d) 挑檐破损

图 5-7　试验现象图

幅非常大，试验过程中多次听到“噼啪”的砖块断裂声，并伴随上部挑檐处砖块脱落，底层东西两侧塔体瞬间与基座分离后又闭合。修复后结构在地震作用下未出现塔体与塔基脱离现象，并且结构上部的振幅减小。

由以上试验现象可以看出，小雁塔模型结构小雁塔结构的塔身中央券洞、塔根部、各层的挑檐以及顶部都是其地震作用下的薄弱部位，其中塔根部和券洞处破坏最为严重。浸入无损性能增强材料后塔身上部地震响应减小，振幅减小，塔身裂缝发展较缓，塔体在地震作用下抗震性能明显改善。

5.4 试验结果与分析

5.4.1 模型结构动力特性分析

（1）模型结构自振频率

在结构振动台试验中通常采用白噪声扫频的方法来测试结构在不同强度地震作用后的动力特性，因此在试验过程中每进行一次相同强度的地震作用后，输入加速度峰值为 50g 的白噪声对模型结构进行扫频，对扫频所得结构加速度响应进行计算，完成小雁塔模型结构的自振频率的求解，所得结果如图 5-8 和图 5-9 所示。

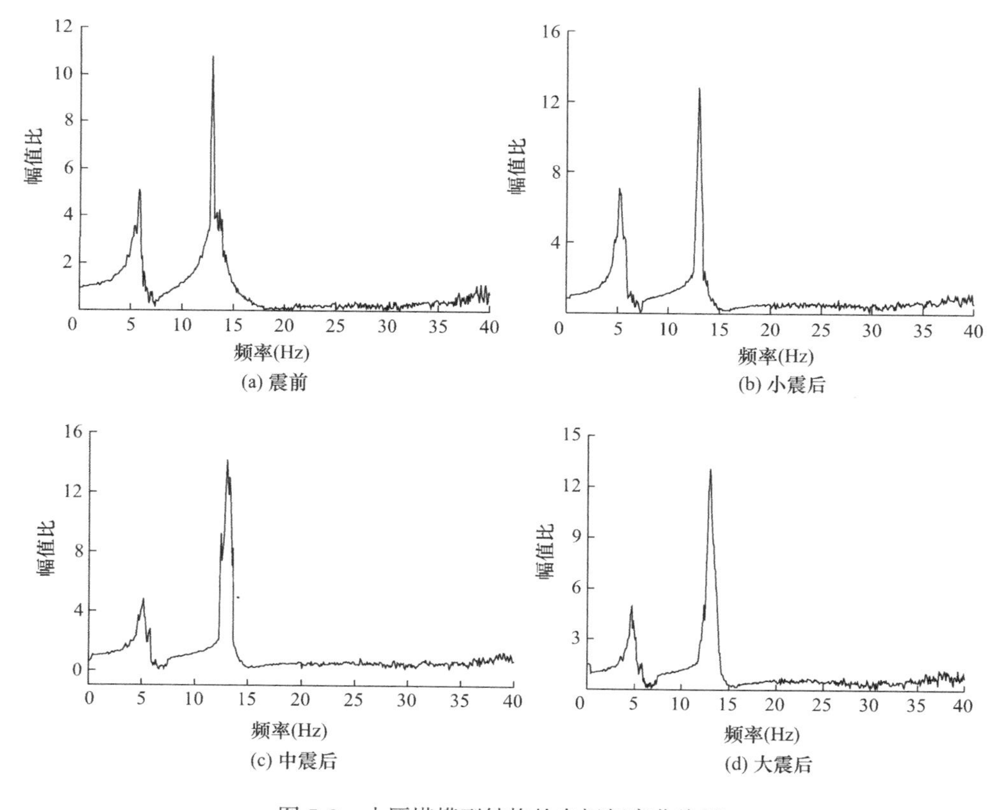

图 5-8　小雁塔模型结构的自振频率曲线图

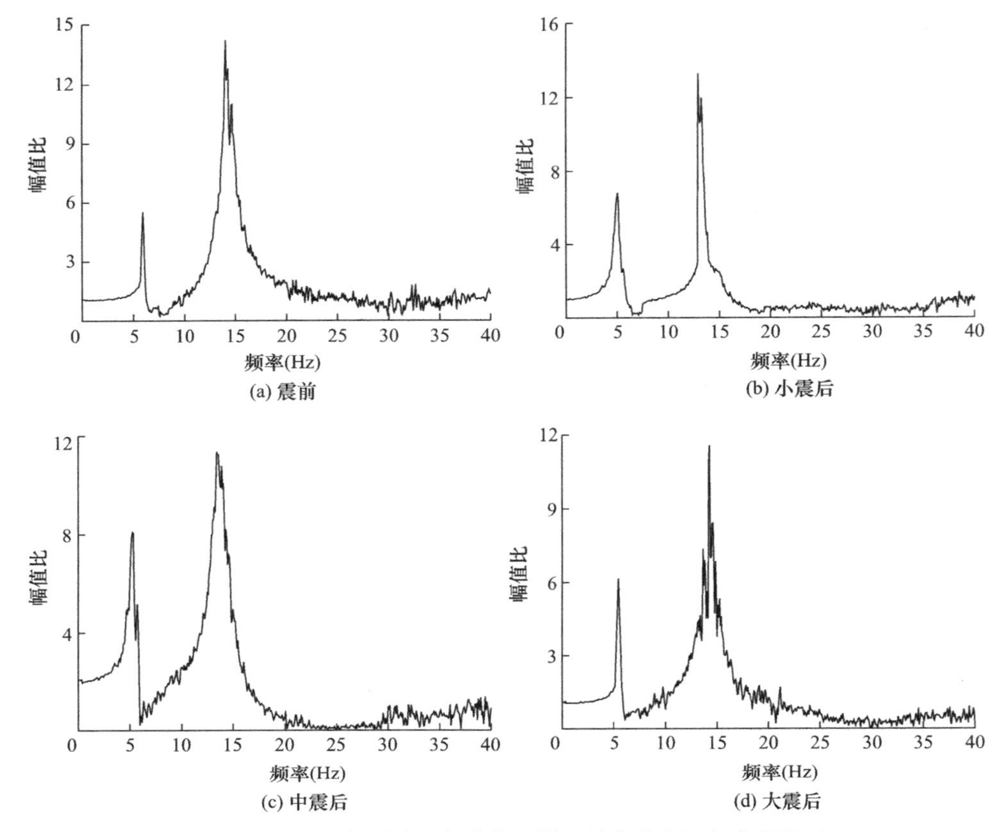

图 5-9　改性环氧树脂无损修复后模型结构的自振频率曲线图

小雁塔模型结构自振频率和周期　　**表 5-7**

试验工况		一阶振型		二阶振型	
		频率(Hz)	周期(s)	频率(Hz)	周期(s)
基材模型	震前	5.83	0.17	14.13	0.071
	小震	5.31	0.19	14.12	0.071
	中震	5.05	0.20	13.98	0.072
	大震	4.71	0.21	13.81	0.072
修复模型	震前	5.92	0.17	14.81	0.067
	小震	5.74	0.18	14.23	0.070
	中震	5.57	0.19	13.97	0.072
	大震	5.24	0.20	14.27	0.070

由图 5-8 和图 5-9 以及表 5-7 可以看出：在基材模型中，震前模型结构的一阶频率为 5.83Hz，经历小震、中震及大震后，模型结构的一阶频率分别为 5.31Hz、5.05Hz 和 4.71Hz，较震前分别降低了 8.9%、13.4%和 19.2%，二阶频率变化很小，大震后二阶频率较震前降低 2.3%；在修复模型中，震前模型结构的一阶频率为 5.92Hz，经历小震、中震及大震后，模型结构的一阶频率分别为 5.74Hz、5.57Hz 和 5.24Hz，分别较震前降

低了 3.0%、5.9%和 11.5%，二阶频率略有降低，大震后二阶频率较震前降低 3.6%。

分析基材模型、修复后模型的试验结果还可以看出：震前基材模型、修复模型一阶频率分别为 5.83Hz、5.92Hz，经无损修复后结构的一阶频率比基材模型提高了 1.6%；小震后基材模型、修复模型一阶频率分别为 5.31Hz、5.74Hz，经无损修复后结构的一阶频率比基材模型提高了 8.1%；中震后基材模型、修复模型一阶频率分别为 5.01Hz、5.57Hz，经无损修复后结构的一阶频率比基材模型提高了 11.2%；经大震后基材模型、修复模型一阶频率分别为 4.71Hz、5.24Hz，经无损修复后结构的一阶频率比基材模型提高了 11.3%。

根据试验结果，基材小雁塔模型经过地震作用后，自振频率产生较大变化，在地震中发生了损伤；采用无损修复性能增强材料修复小雁塔模型结构，结构的频率增高，刚度变大，同时又由于材料自身性能增强，可以耗散更多的地震能量，减小了其地震过程中产生的损伤。

（2）阻尼比

阻尼比是对结构进行动力分析的基本参数，本书根据半功率带宽法对小雁塔模型结构进行阻尼比的计算，如式（5-5）所示。

$$\xi=\frac{f_{\mathrm{b}}-f_{\mathrm{a}}}{2f_{\mathrm{n}}} \tag{5-5}$$

式中：f_{a}、f_{b} 为相应共振频率两侧当振幅等于共振幅值 $1/\sqrt{2}$ 倍时的扰动频率；f_{n} 为相应的共振频率。

阻尼比的计算结果如表 5-8 所示，阻尼比的变化趋势如图 5-10 所示。

小雁塔模型结构阻尼比的计算结果 **表 5-8**

地震情况	试验Ⅰ	试验Ⅱ
震前	0.0317	0.0364
小震	0.0431	0.0382
中震	0.0923	0.0615
大震	0.1061	0.0818

由表 5-8 和图 5-10 可以看出，基材模型与无损修复性能增强材料修复后的模型结构阻尼比变化趋势一致，小震后结构阻尼比基本无变化，中震、大震条件下结构的阻尼比显著增加。同时还可以看出，地震中修复前的小雁塔阻尼比增幅较大，说明结构损伤积累较大，结构整体刚度下降较快，塔身破坏发展较为迅速；当采用无损修复性能增强材料进行修复后的小雁塔结构，结构阻尼比增速降低，塔身损伤积累减小，整体结构的损伤较小。

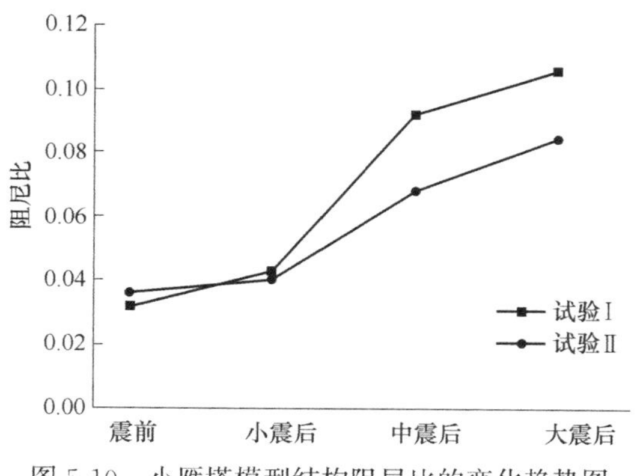

图 5-10 小雁塔模型结构阻尼比的变化趋势图

5.4.2　模型结构动力特性分析

（1）加速度响应时程

对小雁塔基材模型以及无损修复性能增强材料修复后模型分别进行了 El-Centro 波、汶川波和人工波作用下的振动台试验，由于篇幅有限，特提取具有代表性的楼层（底部一层、中部五层、顶部十三层）的加速度响应时程曲线，如图 5-11～图 5-19 所示。

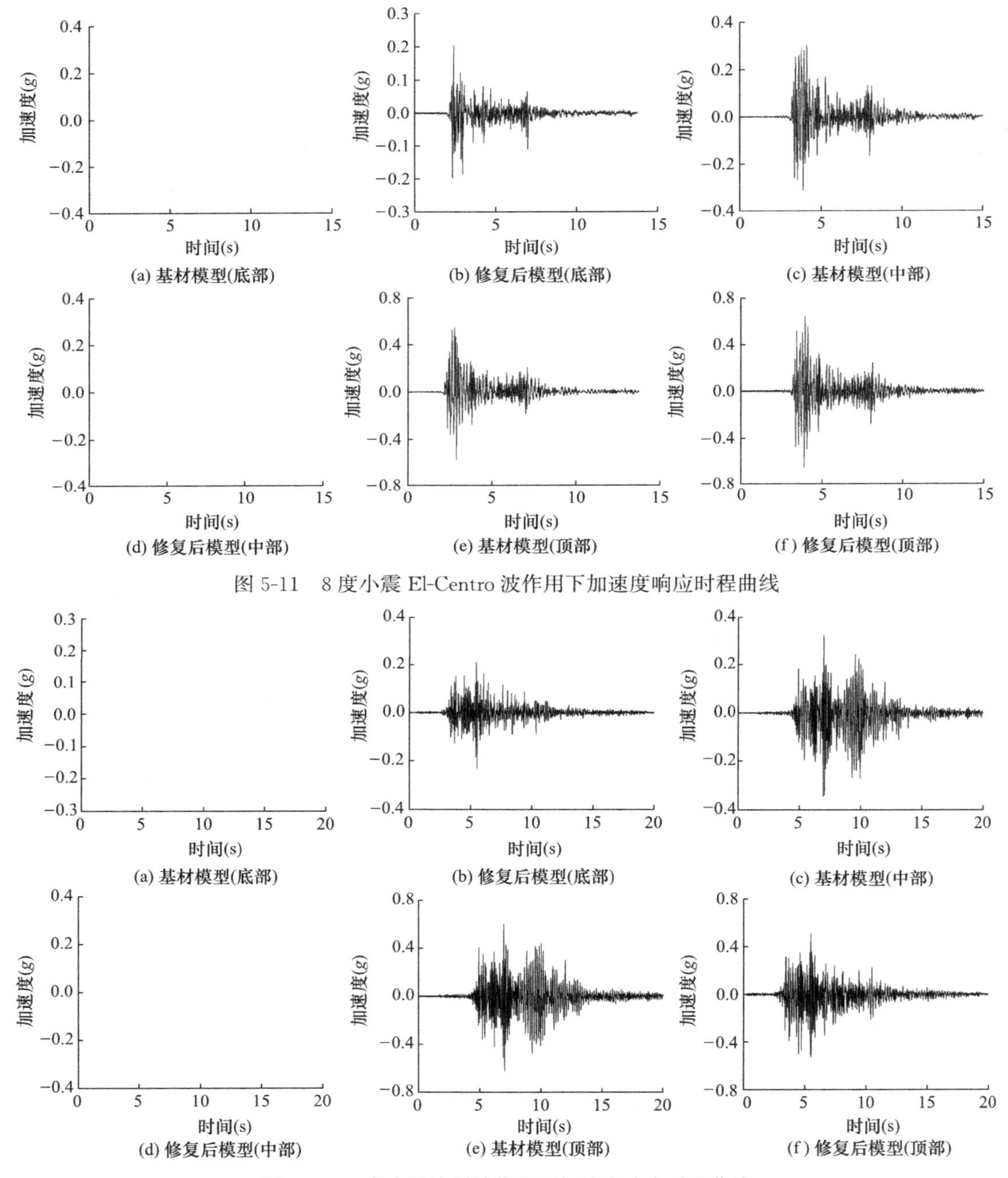

图 5-11　8 度小震 El-Centro 波作用下加速度响应时程曲线

图 5-12　8 度小震汶川波作用下加速度响应时程曲线

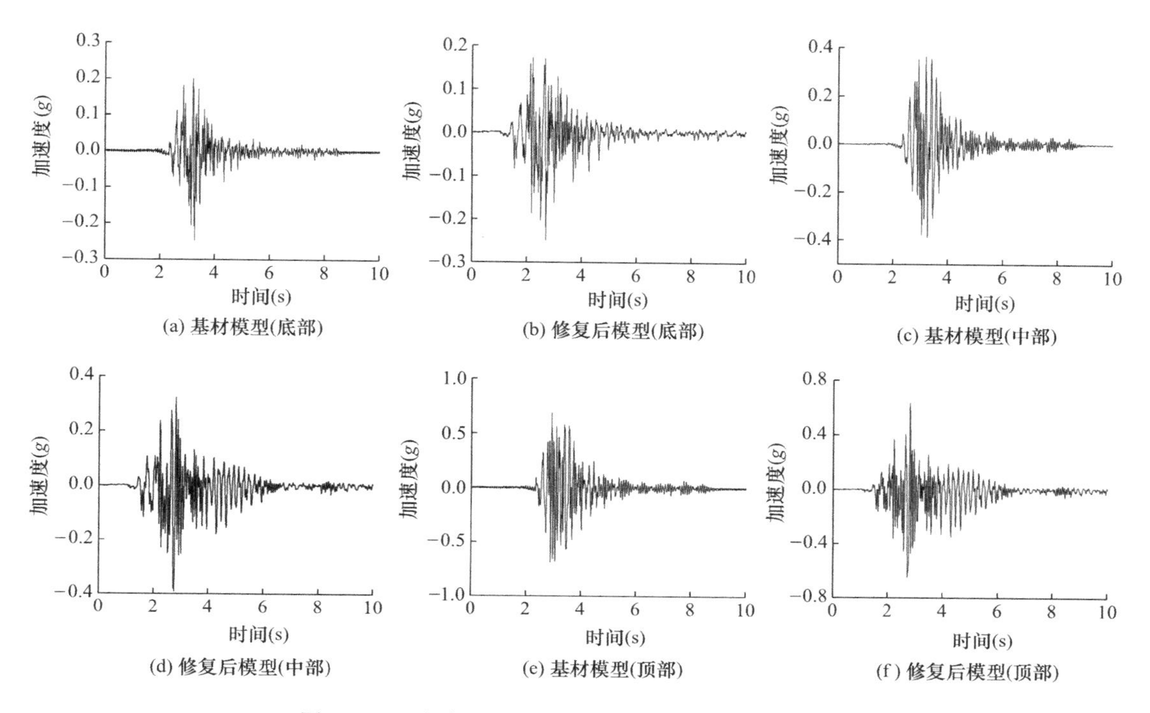

图 5-13 8 度小震人工波作用下加速度响应时程曲线

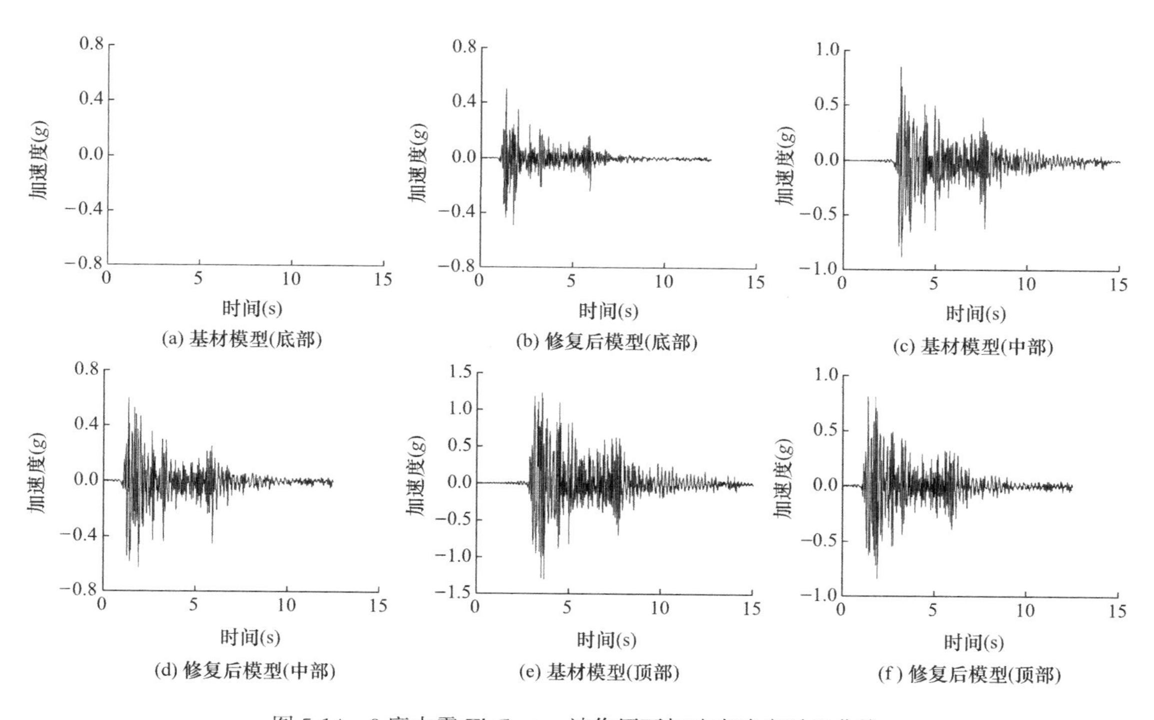

图 5-14 8 度中震 El-Centro 波作用下加速度响应时程曲线

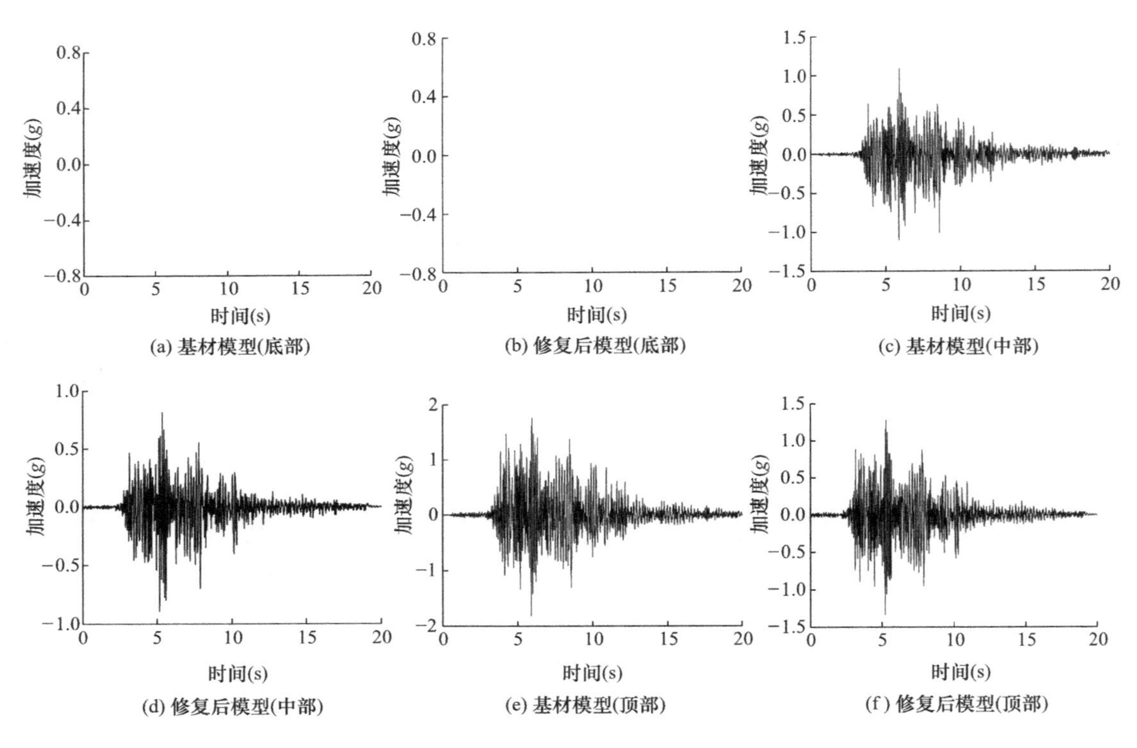

图 5-15　8 度中震汶川波作用下加速度响应时程曲线

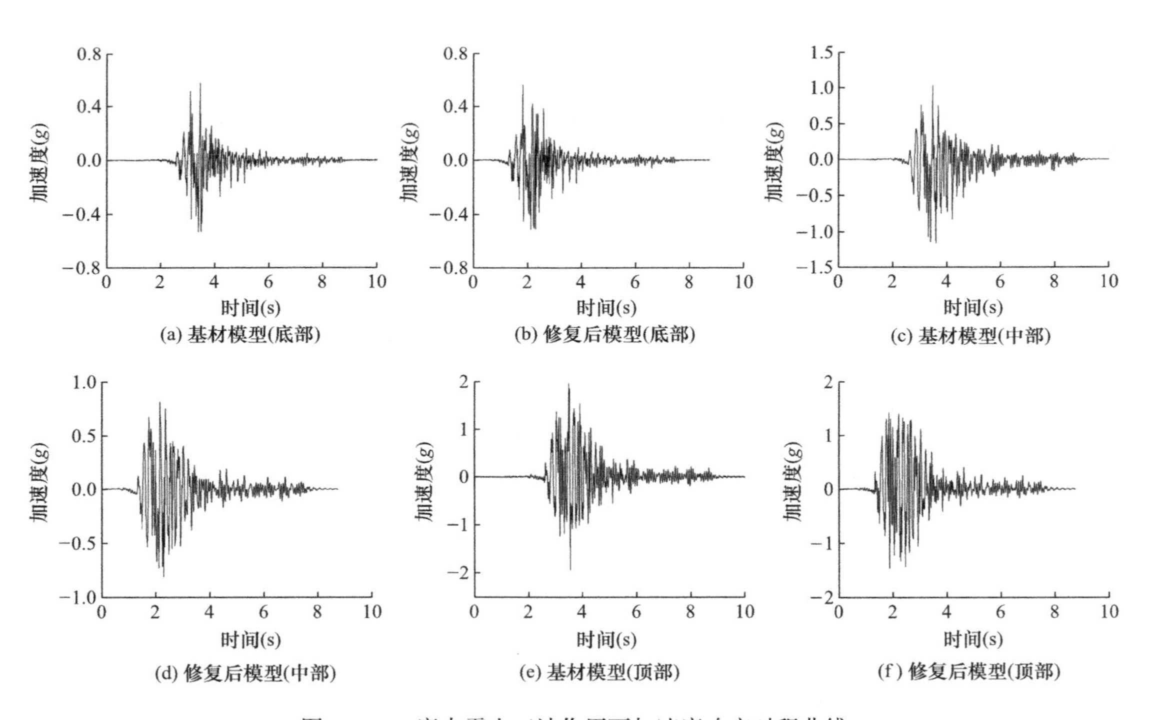

图 5-16　8 度中震人工波作用下加速度响应时程曲线

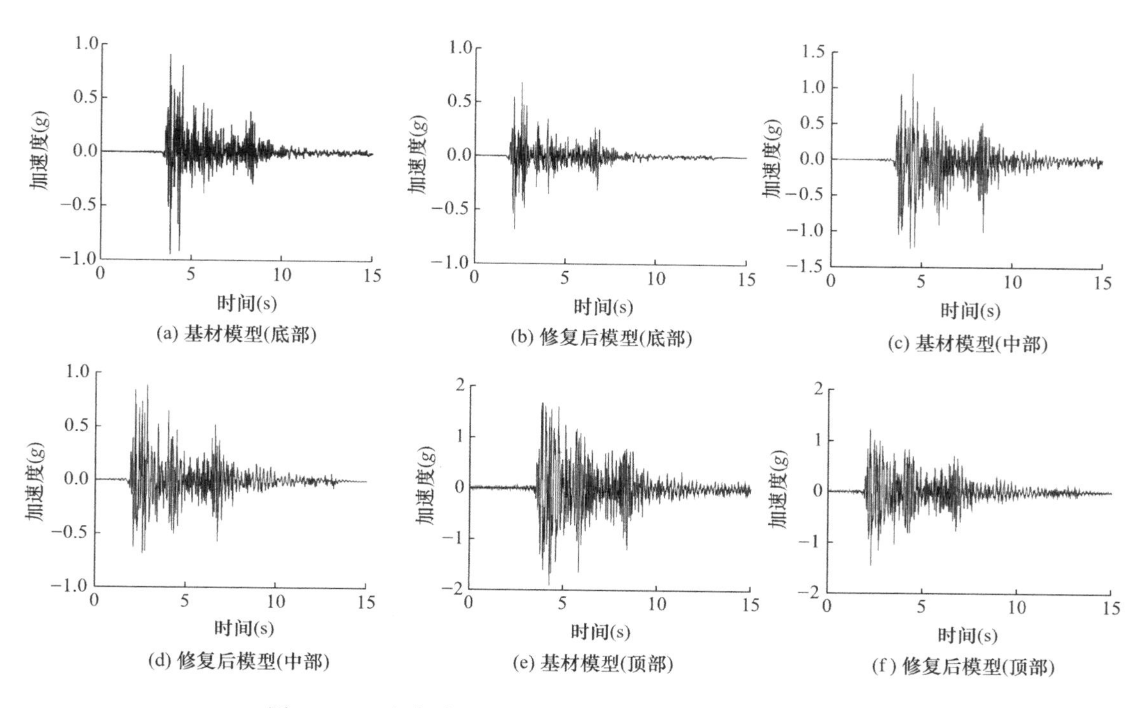

图 5-17　8 度大震 El-Centro 波作用下加速度响应时程曲线

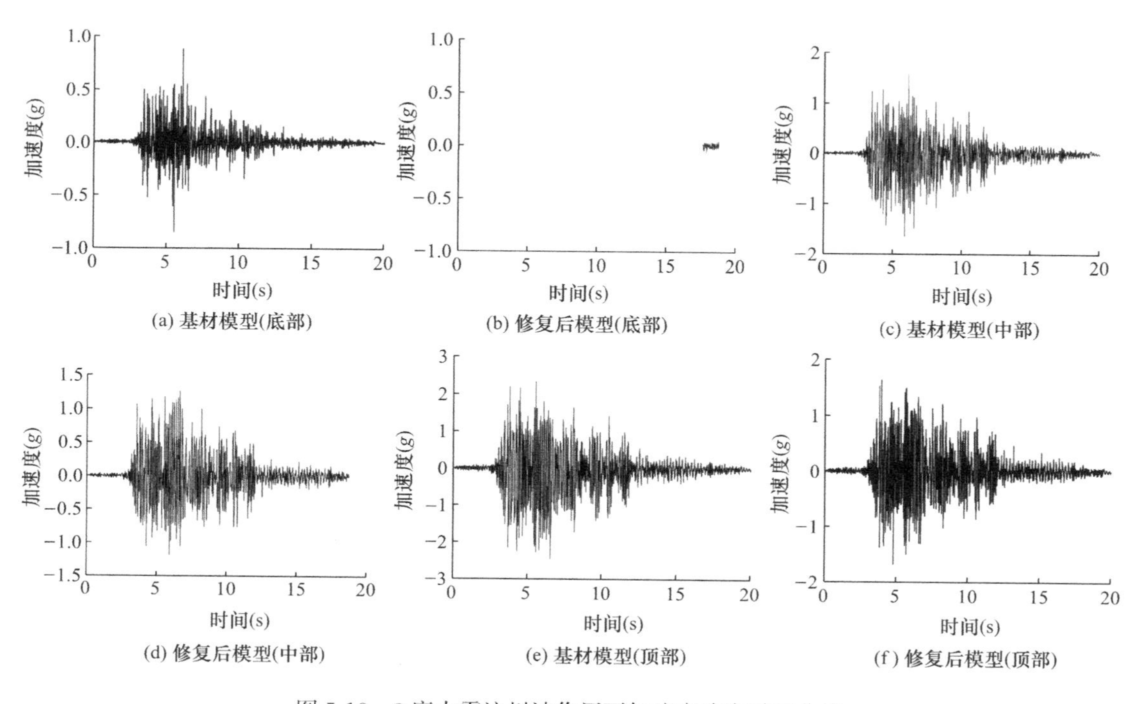

图 5-18　8 度大震汶川波作用下加速度响应时程曲线

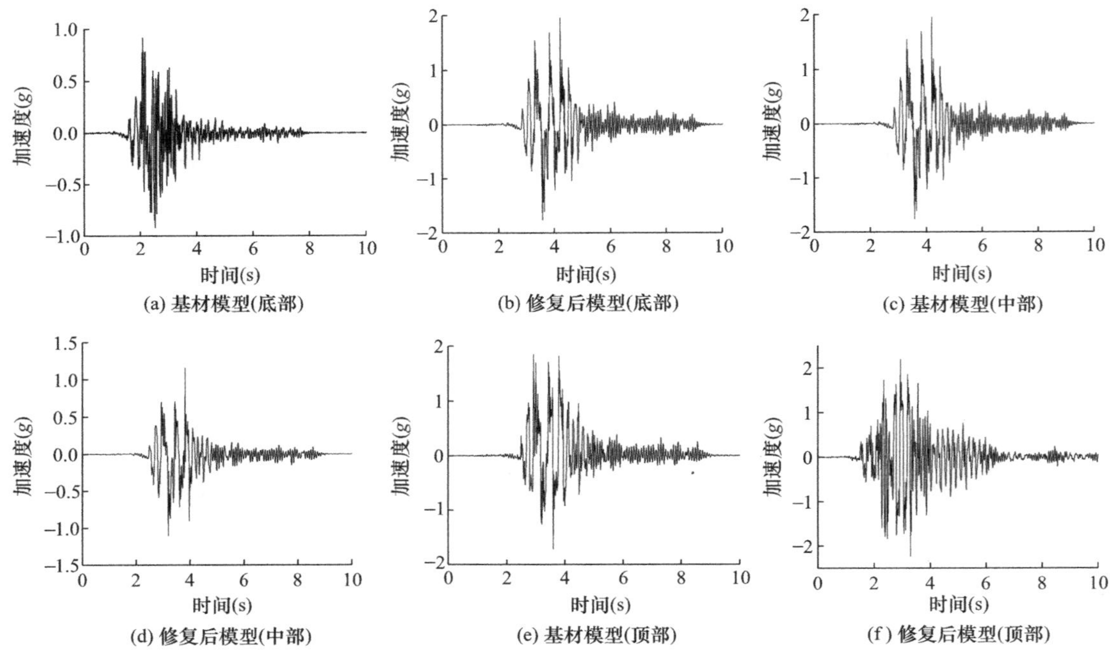

图 5-19 8度大震人工波作用下加速度响应时程曲线

由图5-11～图5-19可以看出，在不同地震波的作用下，小雁塔模型结构的加速度响应剧烈区间与输入地震波基本一致，都集中在输入加速度峰值附近，随着地震波强度减弱，结构的响应也逐渐减小。小雁塔模型结构的塔身各层加速度响应最值，如表5-9～表5-14所示。

基材模型结构8度小震塔身各层加速度响应最值（g） **表5-9**

位置	El-Centro波		汶川波		人工波	
	Max	Min	Max	Min	Max	Min
台面	0.241	−0.171	0.185	−0.198	0.185	−0.201
1层	0.255	−0.232	0.209	−0.216	0.203	−0.248
2层	0.273	−0.266	0.231	−0.263	0.221	−0.276
4层	0.305	−0.312	0.287	−0.308	0.288	−0.325
5层	0.308	−0.315	0.325	−0.347	0.367	−0.388
7层	0.362	−0.412	0.393	−0.419	0.412	−0.472
9层	0.420	−0.483	0.478	−0.509	0.516	−0.560
10层	0.610	−0.587	0.519	−0.554	0.565	−0.601
11层	0.630	−0.623	0.576	−0.583	0.602	−0.633
13层	0.647	−0.661	0.603	−0.624	0.688	−0.694

修复后模型结构 8 度小震塔身各层加速度响应最值（g）　　表 5-10

位置	El-Centro 波		汶川波		人工波	
	Max	Min	Max	Min	Max	Min
台面	0.233	−0.182	0.211	−0.203	0.176	−0.243
1 层	0.213	−0.194	0.211	−0.218	0.195	−0.221
2 层	0.243	−0.223	0.258	−0.266	0.201	−0.254
4 层	0.281	−0.280	0.297	−0.308	0.235	−0.311
5 层	0.311	−0.293	0.327	−0.331	0.309	−0.350
7 层	0.351	−0.380	0.389	−0.376	0.335	−0.399
9 层	0.401	−0.459	0.427	−0.439	0.445	−0.485
10 层	0.480	−0.493	0.446	−0.464	0.510	−0.523
11 层	0.512	−0.540	0.478	−0.482	0.537	−0.582
13 层	0.546	−0.564	0.510	−0.525	0.581	−0.589

基材模型结构 8 度中震塔身各层加速度响应最值（g）　　表 5-11

位置	El-Centro 波		汶川波		人工波	
	Max	Min	Max	Min	Max	Min
台面	0.501	−0.492	0.502	−0.511	0.442	−0.447
1 层	0.605	−0.573	0.527	−0.548	0.578	−0.531
2 层	0.689	−0.661	0.616	−0.624	0.790	−0.773
4 层	0.792	−0.797	0.851	−0.885	0.910	−0.892
5 层	0.856	−0.882	1.097	−1.103	1.036	−1.165
7 层	0.983	−1.035	1.311	−1.293	1.291	−1.267
9 层	1.097	−1.127	1.498	−1.416	1.616	−1.634
10 层	1.136	−1.182	1.613	−1.538	1.693	−1.703
11 层	1.185	−1.237	1.689	−1.675	1.780	−1.760
13 层	1.231	−1.304	1.770	−1.815	1.972	−1.938

修复后模型结构 8 度中震塔身各层加速度响应最值（g）　　表 5-12

位置	El-Centro 波		汶川波		人工波	
	Max	Min	Max	Min	Max	Min
台面	0.425	−0.471	0.501	−0.516	0.422	−0.465
1 层	0.499	−0.487	0.522	−0.560	0.563	−0.524
2 层	0.515	−0.530	0.614	−0.669	0.638	−0.601
4 层	0.572	−0.588	0.752	−0.802	0.753	−0.729
5 层	0.657	−0.671	0.826	−0.883	0.860	−0.877
7 层	0.703	−0.719	0.981	−1.047	1.023	−0.986
9 层	0.742	−0.761	1.151	−1.142	1.085	−1.122
10 层	0.771	−0.784	1.193	−1.220	1.182	−1.173
11 层	0.815	−0.809	1.262	−1.284	1.218	−1.243
13 层	0.898	−0.977	1.368	−1.404	1.473	−1.479

基材模型结构8度大震塔身各层加速度响应最值（g）　　表5-13

位置	El-Centro 波		汶川波		人工波	
	Max	Min	Max	Min	Max	Min
台面	0.887	−0.802	0.905	−0.816	0.885	−0.902
1层	0.859	−0.686	0.881	−0.853	0.912	−0.921
2层	0.909	−0.712	1.050	−1.081	1.324	−1.335
4层	0.978	−0.874	1.210	−1.226	1.591	−1.498
5层	1.216	−1.294	1.588	−1.642	1.759	−1.669
7层	1.407	−1.146	1.675	−1.874	2.183	−2.088
9层	1.444	−1.234	1.778	−2.159	2.362	−2.133
10层	1.680	−1.707	2.295	−2.257	2.491	−2.302
11层	1.786	−1.727	2.337	−2.309	2.533	−2.410
13层	1.813	−1.914	2.354	−2.460	2.664	−2.589

修复后模型结构8度大震塔身各层加速度响应最值（g）　　表5-14

位置	El-Centro 波		汶川波		人工波	
	Max	Min	Max	Min	Max	Min
台面	0.857	−0.879	0.827	−0.914	0.870	−0.866
1层	0.673	−0.547	0.774	−0.643	0.737	−0.696
2层	0.679	−0.573	0.895	−0.816	0.847	−0.778
4层	0.732	−0.624	1.153	−1.016	1.037	−0.974
5层	0.857	−0.879	1.283	−1.264	1.230	−1.212
7层	0.893	−0.966	1.402	−1.413	1.427	−1.311
9层	0.973	−1.011	1.498	−1.565	1.603	−1.512
10层	0.992	−1.279	1.577	−1.603	1.621	−1.604
11层	1.021	−1.379	1.597	−1.615	1.716	−1.647
13层	1.220	−1.459	1.743	−1.786	1.821	−1.702

由图5-11～图5-13可以看出，8度小震作用时，基材模型结构整体的加速度响应较小，其中塔身顶部加速度响应最大。在试验工况Ⅰ过程中，在El-Centro波作用下，模型结构的加速度剧烈响应时间区间集中在4s前后，且在短时间内产生多个较大加速度响应值，随后加速度响应很快衰减；汶川波的作用剧烈响应时间区间大，剧烈响应持续时间在6s以上且较大点出现密集；人工波的加速度剧烈响应时间区间介于El-Centro波和汶川波之间，持续时间在3s左右。虽然各地震波的剧烈响应时间区间不同，但各层加速度响应峰值基本一致，由表5-11可知塔身底部加速度响应峰值分布在±0.22～±0.32g之间，塔身中部加速度响应峰值分布在±0.30～±0.56g之间，塔身顶部加速度响应峰值分布在±0.57～±0.69g之间。修复后模型在各地震波作用下加速度响应情况与基材模型基本类似，区别主要体现在加速度响应的幅值上，修复后模型塔身顶部加速度响应峰值相近，且均小于基材模型，说明在小震情况下修复后模型的耗能能力效果较好。

由图5-14～图5-16为8度中震作用下的加速度响应，模型塔体的加速度响应较小震时明显增大，在El-Centro波作用下，模型结构前期均出现了较大的加速度响应，随后加速度响应逐渐减小，El-Centro 波作用前期模型结构较大的响应较为集中。相比 El-Centro 波，汶川波作用下峰值出现前后结构加速度响应幅值始终持续在较高的水平，且响应密集，持续时间长，说明汶川波的破坏力大。在人工波作用下，模型结构加速度响应主要集中在试验前期，剧烈持续时间比 El-Centro 波长，加速度分布情况与汶川波基本相似，也具有较大的破坏力。根据表 5-9～表 5-14 可以看出，在 El-Centro 波作用下，修复后模型中部和顶部的加速度峰值较基材模型下降了 28%和 27%左右；在汶川波作用下，修复后模型中部和顶部的加速度峰值较基材模型下降了 22%左右；人工波作用下，修复后模型中部和顶部的加速度峰值较基材模型下降了 21%和 25%左右。通过振动台试验数据分析可以看出，采用无损修复性能增强材料修复后结构可有效的提高结构抗震承载能力，降低结构的加速度响应。

在 8 度大震作用下，模型结构的地震响应愈加剧烈，地震加速度响应也在增加，各地震波时程曲线见图 5-17～图 5-19，加速度峰值数据见表 5-13、表 5-14。可以看出，基材模型加速度峰值明显增大，最大值达 2.66g。在 El-Centro 波作用下，修复后模型中部和顶部的加速度峰值较基材模型下降了 26%和 28%左右；在汶川波作用下，修复后模型中部和顶部的加速度峰值较基材模型下降了 18%和 26%左右；在人工波作用下，修复后模型中部和顶部的加速度峰值较基材模型下降了 36%和 33%左右。

（2）最大加速度响应包络图

根据试验结果，提取模型振动台试验加速度相应峰值，绘制模型结构的加速度包络图，如图 5-20、图 5-21 所示。

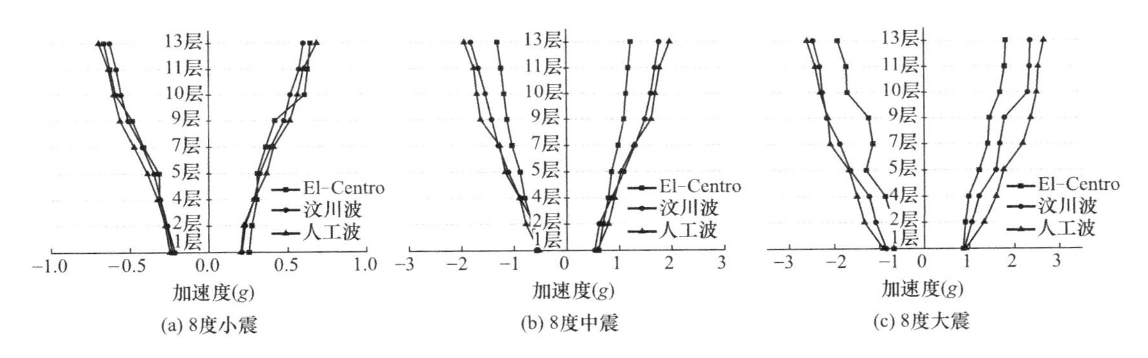

图 5-20 基材模型结构各层最大加速度包络图

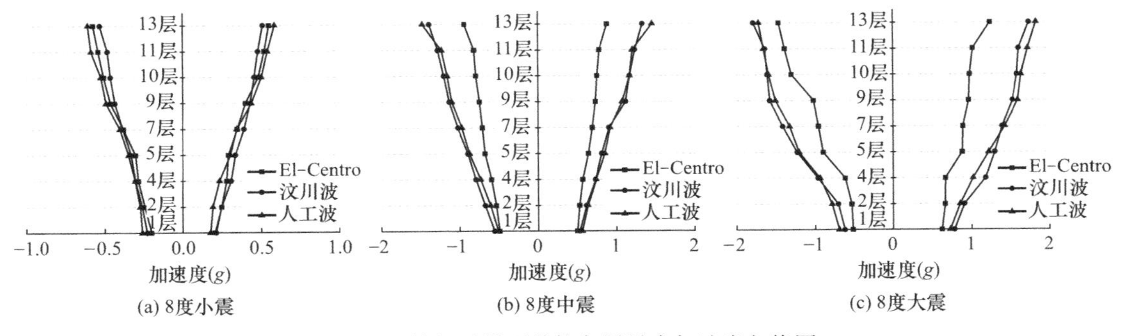

图 5-21 修复后模型结构各层最大加速度包络图

由图 5-20、图 5-21 可以看出：试验中选择三条不同类型的地震波，各地震波所具有的频谱特性有所差异，因此在同一水准下，所引起的结构加速度响应并不相同，其中由 El-Centro 波所引起的动力响应比汶川波和人工波小，从而导致在中震和大震作用下，El-Centro 波的包络图与汶川波和人工波的包络图分离。模型结构的加速度峰值随着塔身层数的增加逐渐增大，没有出现较大的突变点，虽然小雁塔属于高耸结构，但其塔身自下而上逐渐内收，且塔身通体质量均匀，从而不会出现加速度突变，其结构自身具有一定的抗震能力。基材模型及修复后模型在三种地震波作用下各自对应的包络图轮廓相似，说明模型结构在地震作用下没有发生明显的集中破坏。根据峰值加速度的包络图，基材模型加速度峰值均大于修复后模型，说明采用无损修复性能增强材料对砖石古塔修复后，可一定程度地提高结构抗震性能。

（3）加速度放大系数

加速度放大系数可利用小雁塔模型结构顶部的加速度峰值与输入加速度最大值之比确定，计算出基材模型和修复后模型各地震波作用下的模型结构的加速度放大系数，如表 5-15 所示。

模型结构的加速度放大系数 **表 5-15**

强度	地震波	试验Ⅰ	试验Ⅱ
小震	El-Centro 波	3.17	2.74
	汶川波	3.21	2.50
	人工波	3.58	2.79
中震	El-Centro 波	2.55	2.09
	汶川波	3.53	2.73
	人工波	4.39	3.33
大震	El-Centro 波	3.13	1.54
	汶川波	3.41	2.03
	人工波	3.55	2.03

由表 5-15 可以看出，基材模型试验的加速度放大系数较修复后模型试验大，说明采用无损修复性能增强材料修复后模型结构的抗震性能得到了一定的改善，耗能能力得到了提升。

5.4.3 模型结构位移响应分析

（1）位移响应时程

对小雁塔模型结构进行振动台试验中，为了掌握位移时程响应，在塔身上设置了位移传感器，根据小雁塔自身结构特点，同时考虑到篇幅有限，选取塔身顶部位移时程参数绘制位移响应时程曲线，如图 5-22～图 5-27 所示。

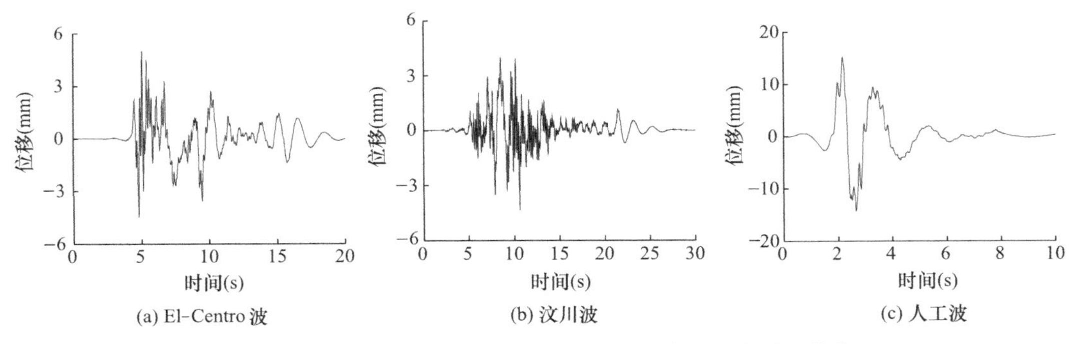

图 5-22 基材模型结构 8 度小震塔身顶部位移响应时程曲线

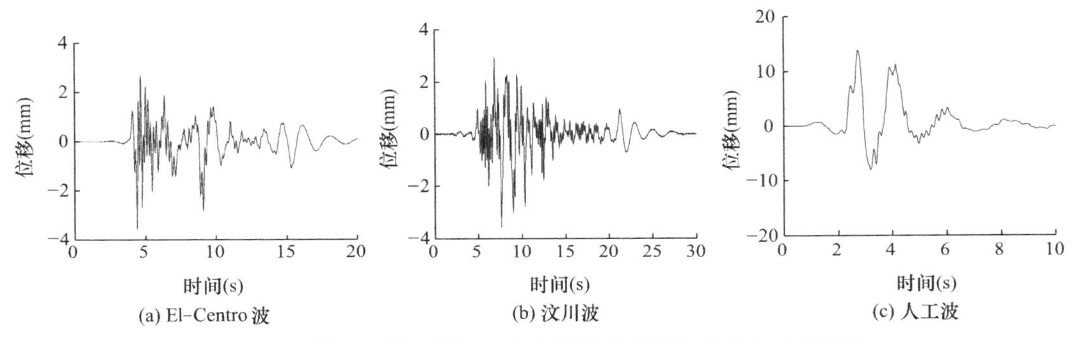

图 5-23 修复后模型结构 8 度小震塔身顶部位移响应时程曲线

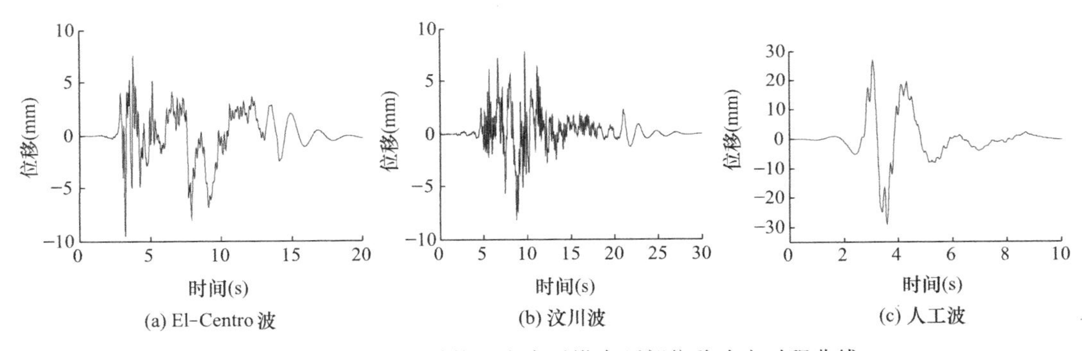

图 5-24 基材模型结构 8 度中震塔身顶部位移响应时程曲线

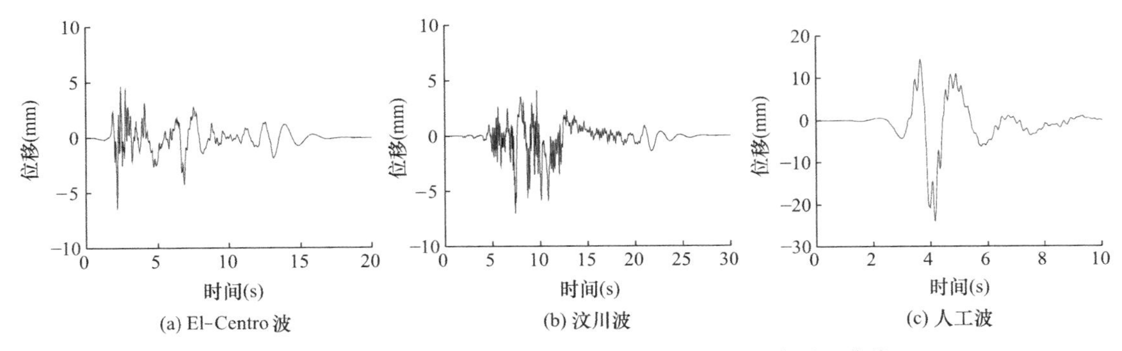

图 5-25 修复后模型结构 8 度中震塔身顶部位移响应时程曲线

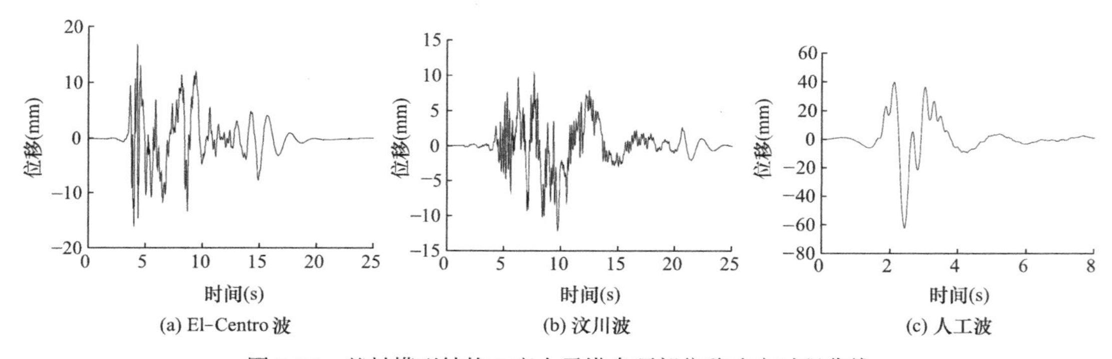

图 5-26　基材模型结构 8 度大震塔身顶部位移响应时程曲线

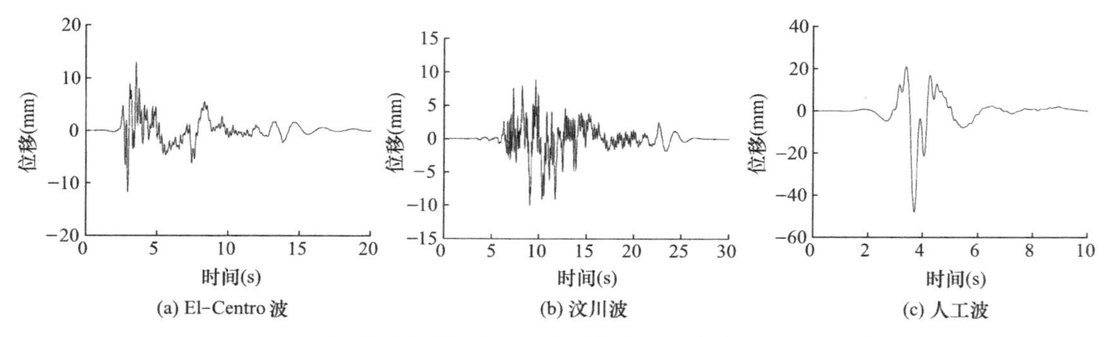

图 5-27　修复后模型结构 8 度大震塔身顶部位移响应时程曲线

由图 5-22～图 5-27 可以看出，基材模型在各地震波作用下位移影响均较大，人工波对小雁塔模型结构最为明显，修复后模型结构地震位移响应小于基材模型。说明采用无损修复性能增强材料修复后模型结构的抗侧移性能得到改善，位移响应变小。

（2）小雁塔模型结构最大相对位移包络图

本次小雁塔模型结构振动台试验塔身各层相对位移最大值见表 5-16～表 5-21，同时根据位移峰值绘制模型结构各层相对位移最大值包络图，如图 5-28、图 5-29 所示。

基材模型结构 8 度小震塔身各层相对位移最大值（mm）　　表 5-16

位置	El-Centro 波		汶川波		人工波	
	实测位移最大值	相对位移最大值	实测位移最大值	相对位移最大值	实测位移最大值	相对位移最大值
台面	1.814	0.000	2.260	0.000	9.845	0.000
1 层	2.469	0.655	3.229	0.969	10.379	0.534
2 层	3.047	1.233	3.395	1.135	10.824	0.979
4 层	3.517	1.703	3.607	1.347	11.345	1.500
5 层	4.020	2.206	3.941	1.681	11.718	1.873
7 层	3.335	1.521	4.041	1.781	12.345	2.500
9 层	3.893	2.079	4.212	1.952	13.389	3.544
11 层	4.670	2.856	4.386	2.126	14.235	4.390
13 层	5.011	3.197	4.354	2.094	15.163	5.318

基材模型结构 8 度中震塔身各层相对位移最大值（mm）　　表 5-17

位置	El-Centro 波		汶川波		人工波	
	实测位移最大值	相对位移最大值	实测位移最大值	相对位移最大值	实测位移最大值	相对位移最大值
台面	3.666	0.000	4.639	0.000	18.696	0.000
1 层	3.898	0.232	5.423	0.784	20.585	1.889
2 层	4.755	1.089	5.701	1.062	21.539	2.843
4 层	6.194	2.528	6.178	1.539	23.251	4.555
5 层	8.634	4.968	7.036	2.397	24.309	5.613
7 层	6.135	2.469	7.290	2.651	23.553	4.857
9 层	8.041	4.375	6.842	2.203	26.159	7.463
11 层	9.247	5.581	6.902	2.263	28.039	9.343
13 层	9.485	5.819	8.169	3.530	28.892	10.196

基材模型结构 8 度大震塔身各层相对位移最大值（mm）　　表 5-18

位置	El-Centro 波		汶川波		人工波	
	实测位移最大值	相对位移最大值	实测位移最大值	相对位移最大值	实测位移最大值	相对位移最大值
台面	4.970	0.000	6.326	0.000	30.230	0.000
1 层	5.445	0.475	8.006	1.680	33.162	2.932
2 层	6.660	1.690	8.867	2.541	41.355	11.125
4 层	8.734	3.764	8.636	2.310	48.208	17.978
5 层	13.863	8.893	11.654	5.328	45.756	15.526
7 层	7.969	2.999	8.731	2.405	51.441	21.211
9 层	10.855	5.885	10.083	3.757	55.671	25.441
11 层	15.656	10.686	10.159	3.833	59.818	29.588
13 层	16.849	11.879	12.234	5.908	62.067	31.837

修复后模型结构 8 度小震塔身各层相对位移最大值（mm）　　表 5-19

位置	El-Centro 波		汶川波		人工波	
	实测位移最大值	相对位移最大值	实测位移最大值	相对位移最大值	实测位移最大值	相对位移最大值
台面	1.554	0.000	2.191	0.000	10.661	0.000
1 层	1.993	0.439	2.523	0.332	10.963	0.302
2 层	2.187	0.633	2.801	0.610	11.120	0.459
4 层	2.210	0.656	3.137	0.946	11.471	0.810
5 层	2.374	0.820	3.205	1.014	11.913	1.252
7 层	2.637	1.083	3.133	0.942	12.662	2.001
9 层	3.028	1.474	3.214	1.023	13.139	2.478
11 层	3.312	1.758	3.434	1.243	13.847	3.186
13 层	3.668	2.114	3.749	1.558	14.336	3.675

修复后模型结构 8 度中震塔身各层相对位移最大值（mm）　　表 5-20

位置	El-Centro 波		汶川波		人工波	
	实测位移最大值	相对位移最大值	实测位移最大值	相对位移最大值	实测位移最大值	相对位移最大值
台面	3.743	0.000	4.463	0.000	17.473	0.000
1 层	3.986	0.243	5.629	1.166	18.382	0.909
2 层	4.627	0.884	6.012	1.549	18.533	1.060
4 层	5.446	1.403	6.511	1.048	18.627	1.154
5 层	6.165	2.422	6.728	2.265	20.291	2.818
7 层	6.441	2.698	6.893	2.430	21.797	4.324
9 层	7.105	3.362	6.982	2.519	22.829	5.356
11 层	8.275	4.532	7.342	2.879	23.675	6.202
13 层	9.083	5.340	7.697	3.234	24.133	6.660

修复后模型结构 8 度大震塔身各层相对位移最大值（mm）　　表 5-21

位置	El-Centro 波		汶川波		人工波	
	实测位移最大值	相对位移最大值	实测位移最大值	相对位移最大值	实测位移最大值	相对位移最大值
台面	5.024	0.000	6.786	0.000	28.921	0.000
1 层	5.853	0.583	7.844	1.658	30.184	1.263
2 层	6.139	1.023	7.805	1.887	35.692	6.771
4 层	8.113	2.941	8.119	2.163	41.027	12.106
5 层	10.098	5.052	9.932	3.790	41.619	12.698
7 层	7.106	1.830	8.412	1.954	43.541	14.620
9 层	11.051	5.239	8.806	2.570	48.147	19.226
11 层	12.427	6.994	9.697	3.309	51.947	23.026
13 层	13.373	8.051	11.247	4.098	53.493	24.572

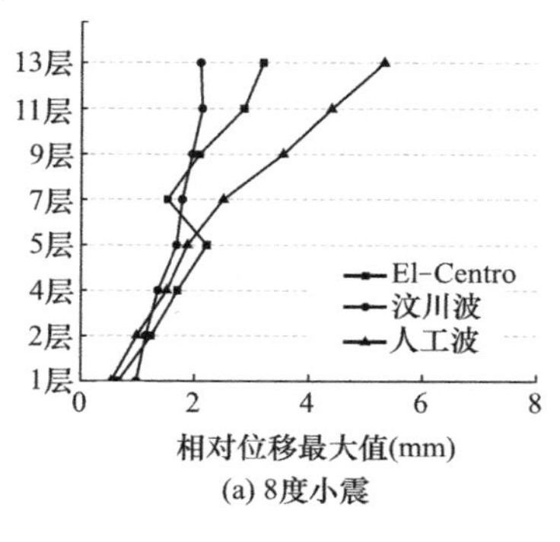

(a) 8度小震

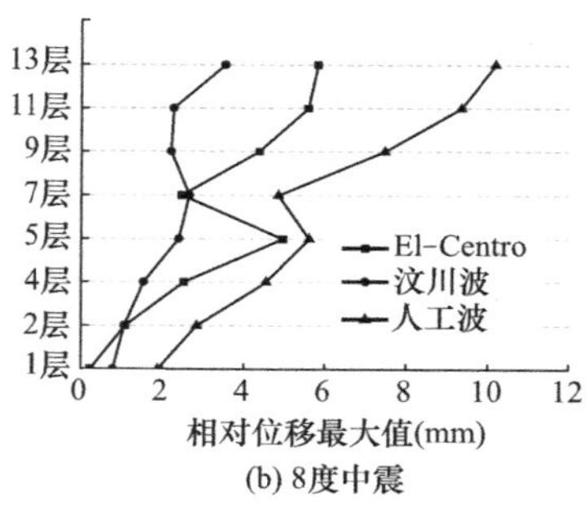

(b) 8度中震

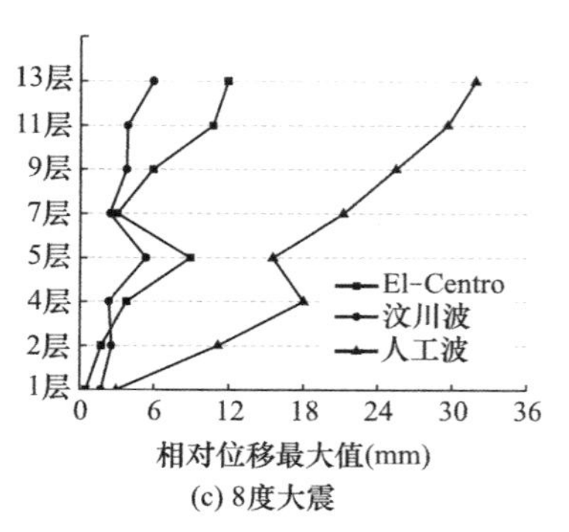

(c) 8度大震

图 5-28　基材模型结构各层相对位移最大值包络图

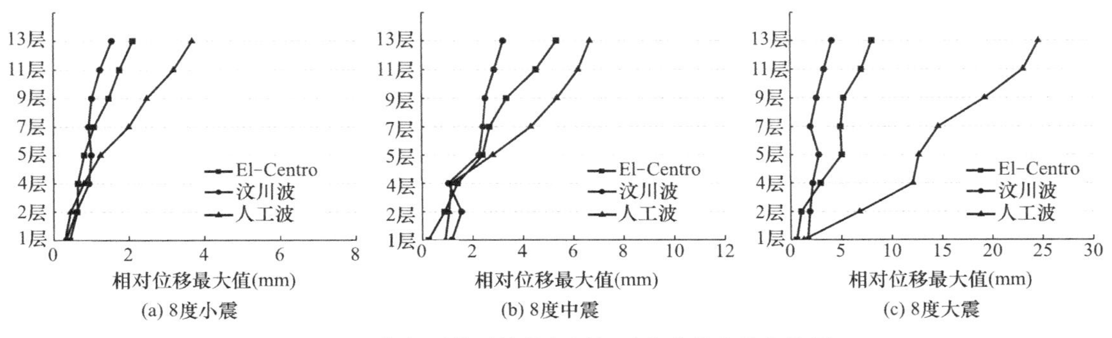

图 5-29 修复后模型结构各层相对位移最大值包络图

由图 5-28、图 5-29 可以看出，在地震作用下，采用无损修复性能增强材料修复后的结构位移响应呈下降趋势。通过查阅大震作用下 13 层位移峰值数据，基材模型位移峰值为 31.837mm，而修复后模型 13 层位移峰值为 24.572mm，位移峰值下降了 22.82%。采用无损修复性能增强材料修复后模型结构的整体抗侧移性能得到改善，位移响应变小。

5.5 本章小结

本章是以小雁塔为典型研究对象，设计并建造了 1/10 小雁塔模型，为了更好地模拟小雁塔各项特性，采用古法制作的混合灰浆与老青砖进行砌筑，并在塔体浸入性能增强材料使结构性能增强，通过模拟振动台试验，可以得到以下结论：

（1）小雁塔模型结构的制作材料为经过加工处理的 20 世纪五六十年代的青砖，胶结材料主要为生石灰、原状黄土和糯米浆搅拌而成。通过对制作材料的力学性能试验可知，小雁塔模型结构所用材料强度与现场测试数据接近，可以较好地反映小雁塔原型结构的材料特性。

（2）根据试验结果，小雁塔基材模型结构经过地震作用后，结构发生损伤，自振频率产生了较大变化。采用性能增强材料进行修复后的模型结构，结构自振频率增加，刚度变大，在地震中可以耗散更多的地震能量，减小地震过程中结构损伤程度。

（3）本书根据半功率带宽法对小雁塔模型结构进行阻尼比的计算，结果表明：地震中小雁塔基材模型阻尼比增幅较大，结构损伤积累较大，结构整体刚度下降较快，而塔身破坏发展较为迅速。采用性能增强材料进行修复后的小雁塔模型结构，阻尼比增速降低，减小了塔身损伤积累，整体结构的损伤较小。

（4）通过对小雁塔模型采用 El-Centro 波、汶川波和人工波三种地震波进行振动台试验，采用性能增强材料修复后结构可有效地降低结构在地震作用下的加速度、位移等动力响应，说明性能增强材料可使结构性能得到改善，耗能能力得到提升。

第6章 无损性能增强古塔结构地震反应有限元分析

6.1 引言

在工程技术领域存在很多类似于力场和磁场等问题，通常情况下，针对此类问题可采用解析法进行求解，但是，由于实际结构的复杂性，绝大多数问题难以得到精确的数学表达式，来表达未知量在任一点处的数值。因此，比较可行的方法即是采用数值解法进行求解，而有限单元法则是作为近几十年发展起来的一种数值解法，由于其有效性和通用性，备受工程界所青睐。

近几年，随着电子计算机科学和技术的飞快发展，有限元法作为工程分析应用的有效方法，在理论和计算机程序方面均取得了突破性的进步。国内外已开发多种有限元通用软件，ANSYS软件由于其强大的有限元分析功能和后处理功能，被广泛地应用到力学、热学、电磁学等各类学科中。当前，在世界范围内，ANSYS软件已经成为土木建筑行业CAE仿真分析的主流。ANSYS软件在钢结构和钢筋混凝土房屋建筑、体育场馆、桥梁、大坝、隧道以及地下建筑等工程中得到了广泛的应用。ANSYS软件在砌体结构中的应用并不多见，其原因主要是由于砌体结构是由砌块和灰浆两种材料粘结砌筑而成，其力学性能比较复杂，具有明显的各向异性。目前，针对砌体结构的研究主要以试验为主，同时，砌体结构建模也相对比较复杂，因此，同其他结构类型相比，砌体结构有限元分析发展比较缓慢。

为比较准确地研究无损修复性能增强材料对古塔原型结构在地震作用下的修复性能，本章在试验和理论研究的基础上，利用有限元软件ANSYS对小雁塔原型结构和浸入改性环氧树脂、甲基丙烯酸甲酯后小雁塔原型结构进行了有限元分析，讨论了小雁塔原型结构及性能增强结构在8度小震、中震、大震下的动力特性。

6.2 有限元模型的建立

6.2.1 单元选取

根据对砂浆处理方式的不同，砌体结构建模分为整体式建模和分离式建模两种形式。

整体式建模是将砌体看作均质连续体，不考虑砂浆与砖之间的相互作用，并通过标准材性试验确定砌体本构模型及各项参数。采用整体式模型建模简单，计算量小，而且容易收敛，但是由于忽略了砖与砂浆之间相互作用，故很难模拟出砖与砂浆之间的粘结滑移、裂缝发展、开裂等失效机制，导致该方法在应用上具有一定局限性。

分离式建模是将砂浆和砖两种材料分开考虑，各自采用相应的本构关系。针对砂浆与砖之间相互作用处理方式不同，分离式建模可分为两种不同形式，一种是在砂浆与砖之间通过设置弹簧单元或者接触单元来考虑两者之间的粘结滑移，但是关于砂浆与砖之间的粘结滑移理论并不成熟，研究成果相对较少，因此采用该种方法建模在实际操作中较难实现；另一种是不考虑砂浆与砖之间的粘结滑移，将砂浆与砖接触面的节点全部耦合，这种方法虽然不能模拟砂浆与砖之间的粘结滑移，但通过对比研究表明，不考虑粘结滑移的分离式模型在计算极限荷载及破坏裂缝模式方面与试验吻合较好。然后分离式建模能够很好地模拟砌体结构力学性能，但是该方法计算量大，建模复杂，对硬件要求比较高，故通常将其应用于构件层面的数值分析中，至于在结构中的应用尚处于研究阶段。

在本书中，由于古塔结构体型庞大，结构形式复杂，故采用整体式建模对古塔结构进行有限元分析。在 ANSYS 整体式建模中，砌体结构可采用 solid65 和 solid45 来模拟，由于 solid65 单元具有非线性，且能模拟开裂和压碎，故本书中采用 solid65 模拟砌体。

6.2.2 材料参数

在有限元分析过程中，为了能够真实地模拟结构在各种作用下的力学特性，往往需要准确地定义材料的本构关系和破坏准则。在运用 ANSYS 对古塔结构进行动力弹塑性分析时，需要输入单元材料的弹性模量、泊松比、密度和应力应变关系。

由前文所述，模拟古塔结构的墙体试件材料均是采用 20 世纪 50 年代的砖体砌筑而成，该类砖体强度较低，能够近似反映古塔结构的墙体材料。故古塔模型结构和原型结构（性能增强前后）本构关系均可采用前文材性试验结果数据，古塔结构弹性模量采用切线模量表示，密度为 $1200kg/m^3$，泊松比取 0.15，弹性模量取 703MPa。

6.2.3 破坏准则

砌体是一种非均质且各项异向材料，由于砌体中灰缝的存在使得国内外学者对砌体结构本构关系和破坏准则的研究造成巨大困难，因此，砌体结构至今没有一个被大众所接受的破坏准则。而针对砌体结构进行弹塑性分析，砌体结构的应力应变关系及其破坏准则是极其重要的一部分。目前，针对此问题，各国学者大多数基于试验结果研究结构的力学性能，或者参照类似材料的常用破坏准则，通过选取适当参数以最大限度地模拟砌体结构的破坏。

砌体结构常用的破坏准则有以下两种：岩土工程中广泛采用的 Drucker-Prager（DP）准则和 ANSYS 专为钢筋混凝土结构单元 solid65 开发的 CONCRETE 材料破坏准则。结合本书所选单元，采用 CONCRETE 材料破坏准则模拟砌体结构破坏。

采用 CONCRETE 材料破坏准则时，可结合多线性随动强化模型（MKIN）来定义砌体的单轴应力应变曲线，材料的强度准则可根据 CONCRETE 材料属性表确定，受拉失效由最大拉应力准则确定，三向受压时采用 Willam-Warke 五参数失效准则：

$$\frac{F}{f_c}-S=0 \tag{6-1}$$

式中：F 为主应力（σ_1，σ_2，σ_3）函数；f_c 为单轴抗拉强度；S 表示屈服面，是关于 f_t

(单轴极限抗拉强度)、f_c(单轴极限抗压强度)、f_{cb}(等压双轴抗压强度)、f_1(静水压力下的双轴抗压强度)和 f_2(静水压力下的单轴抗压强度)5 个统一参数的函数。

仅当应力状态满足式(6-1)时，砌体结构将会出现开裂(拉伸应力)或者压碎(压缩应力)。当静水压力处于较小状态时，破坏面至少由 f_t 和 f_c 两个参数确定，其余三个参数可取默认值，此时应力状态应满足 $|\sigma_h| \leqslant 3f_c$，$\sigma_h = 1/3(\sigma_1 + \sigma_2 + \sigma_3)$，否则在高围压下五个参数均须指定。

CONCRETE 属性表中还有 3 个参数可用来反映材料开裂后的状态：裂缝张开时剪力传递系数，一般可取 0.3～0.5；裂缝闭合时剪力传递系数，可取 0.9～1.0；拉应力释放量乘子 T_c，可取 0.6。单元开裂后垂直于开裂方向的拉应力可缓慢释放，以有助于数值计算的收敛。

6.2.4　网格划分与边界条件

网格划分是有限元分析中最关键的一步，分析结果的精确度与网格大小密切相关。针对网格划分，ANSYS 软件中提供了三种网格划分方法：(1)自由网格划分；(2)映射网格划分；(3)扫略网格划分。由于古塔模型结构复杂，体型庞大，故选用自由网格划分方式，采用人工设置智能尺寸控制技术自动控制网格大小和疏密程度，在实体模型上自动生成四面体单元。

在对小雁塔结构进行动力分析时，将地基假定为刚性地基，忽略土-结构与相互作用，结构底部采用固定支座，底面节点各个方向自由度均被约束，结构有限元模型如图 6-1 所示。

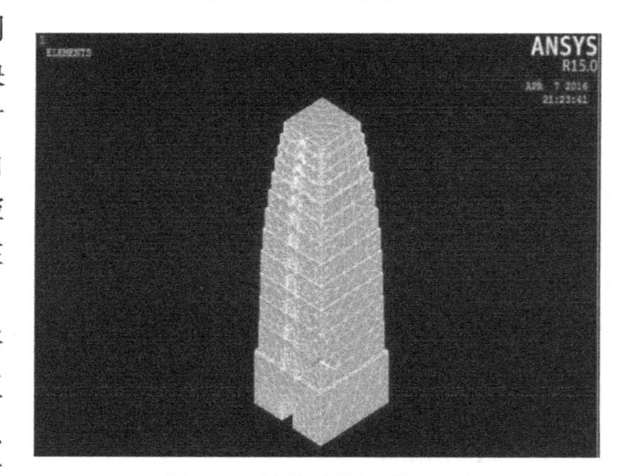

图 6-1　结构有限元模型图

6.3　有限元结果与对比

本小节首先对小雁塔模型结构进行了动力弹塑性时程分析，以验证 ANSYS 有限元模拟方法的合理性；其次，为能够真实地反映无损性能增强后小雁塔结构的抗震性能改变情况，将有限元模拟方法应用于小雁塔原型结构，分析原型结构在分别浸入性能增强材料后的动力响应和抗震效果。

6.3.1　小雁塔模型结构数值分析与试验对比

根据上述方法，对小雁塔模型结构进行动力弹塑性模拟分析，并与第 5 章小雁塔结构振动台试验结果进行对比，给出基材结构和改性环氧树脂性能增强结构塔身顶部加速度时程模拟与试验对比图，以验证有限元分析方法的可靠性。如图 6-2 和图 6-3 所示。

由图 6-2 和图 6-3 可以看出，对小雁塔模型结构有限元模拟分析结果与试验结果吻合

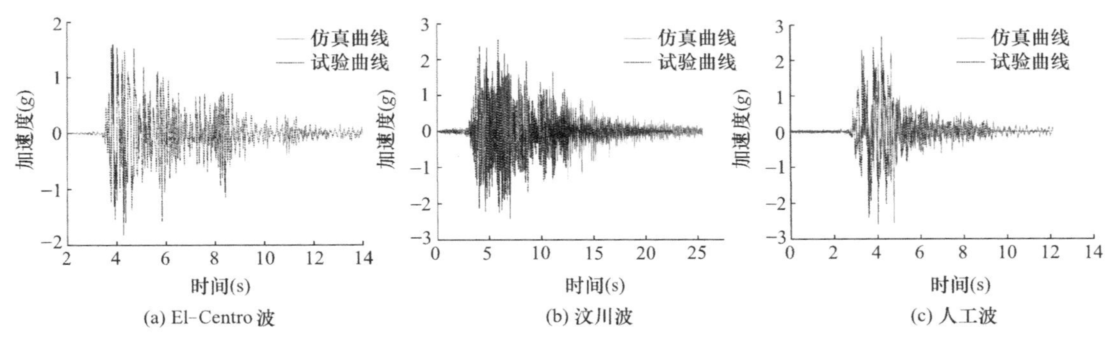

图 6-2 8 度大震下基材结构塔身顶部加速度时程模拟与试验对比图

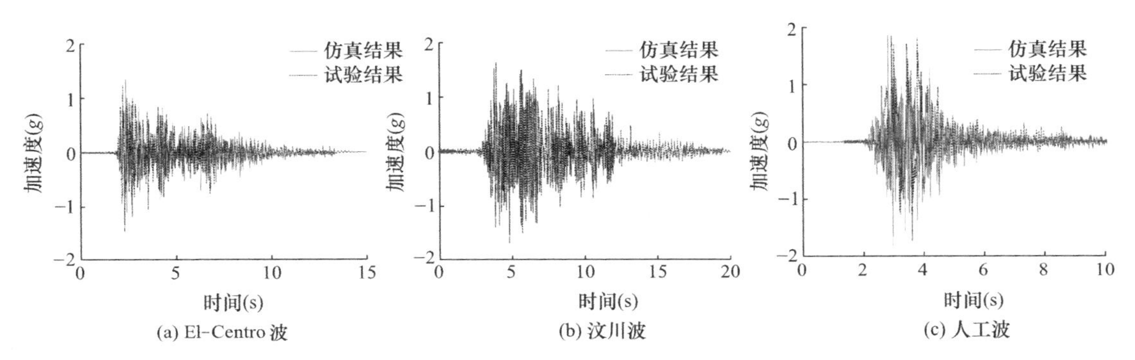

图 6-3 8 度大震下改性环氧树脂性能增强结构塔身顶部加速度时程模拟与试验对比图

较好，验证了上述有限元模拟方法的正确性，可以将该方法应用到小雁塔原型结构模拟分析计算中，以消除因缩尺比例而造成的误差，从而获得小雁塔原型结构使用“浸渗法”性能增强原型结构的地震响应，可进一步分析性能增强材料对结构抗震性能的提高程度。

6.3.2 小雁塔原型结构数值分析

由于小雁塔原型结构塔身各部分均已受不同程度的损伤，针对小雁塔结构的特点，采用“浸渗法”浸入改性环氧树脂或甲基丙烯酸甲酯性能增强材料，分析性能增强前后小雁塔原型结构地震响应。

（1）古塔原型结构动力特性

利用 ANSYS 有限元软件分别对小雁塔原型结构在浸入改性环氧树脂或甲基丙烯酸甲酯性能增强后的动力特性进行模态分析，计算结构自振频率，并与小雁塔原型结构进行比较分析，结果如表 6-1 所示。

原型结构自振频率修复前后对比 **表 6-1**

自振频率	一阶		二阶		三阶	
	实测值	计算值	实测值	计算值	实测值	计算值
原型结构	1.348	1.331	3.401	3.272	5.303	5.043
改性环氧树脂性能增强	—	1.647	—	5.243	—	7.612
甲基丙烯酸甲酯性能增强	—	1.532	—	4.594	—	6.723

由表 6-1 可知，小雁塔原型结构计算值同实测值相比相差不大，其中一阶振型误差仅有 4.8%，二阶振型误差为 3.7%，三阶振型是 4.9%，由此可见，小雁塔原型结构频率计算值误差均 5%以内，所建立的小雁塔原型有限元模型能够较好地反映实际结构的动力特性。此外，小雁塔结构经浸入改性环氧树脂或甲基丙烯酸甲酯性能增强后结构自振频率均得到不同程度的增加，其中浸入改性环氧树脂性能增强结构前三阶频率增加幅度比较大，分别达到 23.7%、60.2%、50.9%，表明小雁塔原型结构经浸入性能增强材料后，结构整体刚度得到不同程度的增加，结构周期减小，整体性增强，在地震作用下结构可有效的降低地震响应。

（2）小雁塔结构动力响应

综合考虑小雁塔场地条件，选取 El-Centro 波和 Taft 波两条天然波和一条人工波作为激励输入，分析 8 度大震作用下小雁塔原型结构（未加固）和浸入改性环氧树脂（方案一）或甲基丙烯酸甲酯（方案二）性能增强结构的地震响应，从而判断小雁塔结构修复前后的抗震性能。

1）小雁塔结构位移响应分析

小雁塔结构在 8 度大震作用下原型结构和性能增强结构位移时程图、位移峰值和各层层间位移角比值分别如图 6-4～图 6-6 和表 6-2～表 6-5 所示。

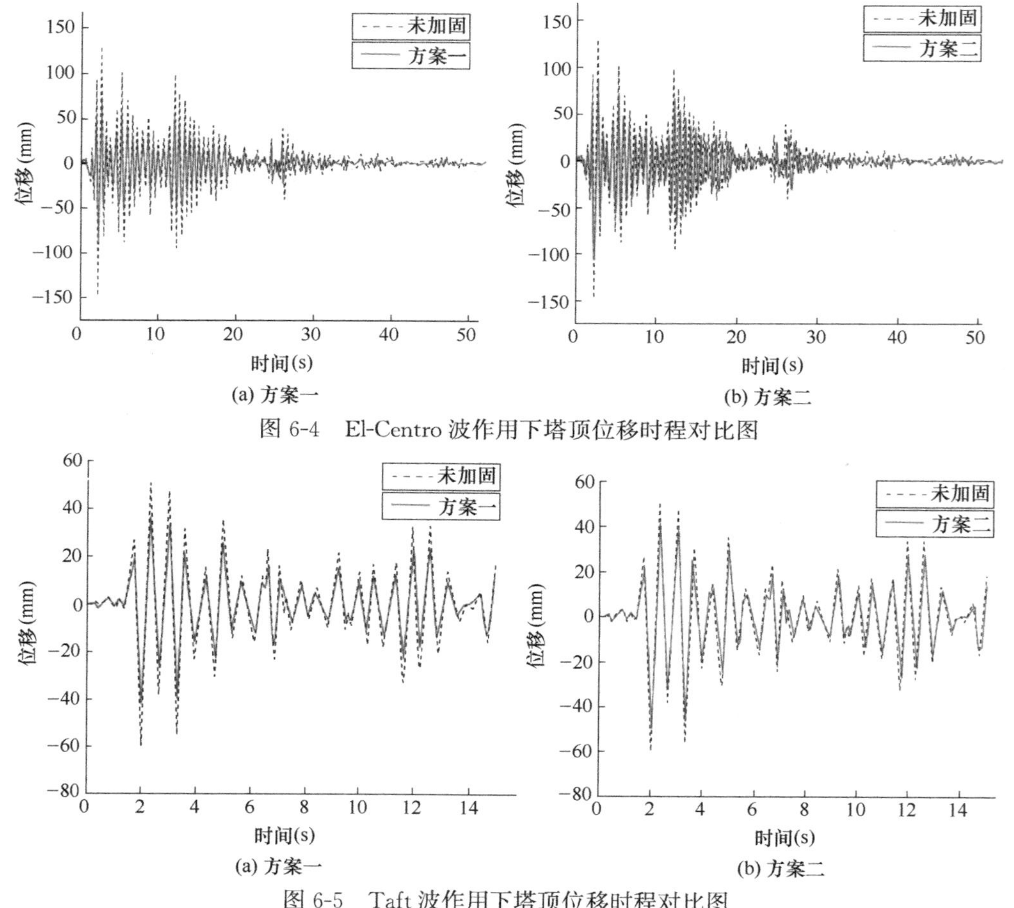

(a) 方案一　(b) 方案二

图 6-4　El-Centro 波作用下塔顶位移时程对比图

(a) 方案一　(b) 方案二

图 6-5　Taft 波作用下塔顶位移时程对比图

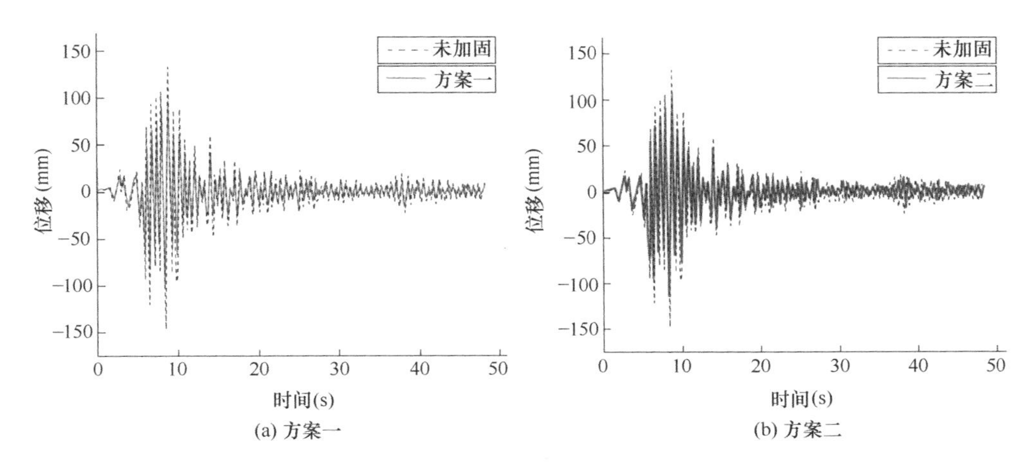

(a) 方案一　　(b) 方案二

图 6-6　人工波作用下塔顶位移时程对比图

地震作用下小雁塔结构塔顶位移峰值（mm）　表 6-2

地震波	原型结构	性能增强结构		变化规律	
		方案一	方案二	方案一	方案二
El-Centro 波	147	85	106	42.2%	27.9%
Taft 波	61	44	51	27.9%	16.4%
人工波	145	104	112	28.3%	22.8%

El-Centro 波作用下小雁塔结构各层层间位移角比值　表 6-3

层数	原型结构	性能增强结构	
		方案一	方案二
1 层	1/1097	1/1523	1/1412
2 层	1/1143	1/1467	1/1357
3 层	1/917	1/1321	1/1269
4 层	1/883	1/1298	1/1125
5 层	1/852	1/1201	1/1105
6 层	1/706	1/1145	1/1087
7 层	1/523	1/1035	1/965
8 层	1/401	1/967	1/923
9 层	1/412	1/921	1/878
10 层	1/377	1/879	1/864
11 层	1/343	1/853	1/811
12 层	1/237	1/812	1/795
13 层	1/271	1/769	1/702

Taft 波作用下小雁塔结构各层层间位移角比值　　表 6-4

层数	原型结构	性能增强结构	
		方案一	方案二
1层	1/1144	1/1625	1/1213
2层	1/1254	1/1563	1/1325
3层	1/1146	1/1432	1/1233
4层	1/1040	1/1478	1/1136
5层	1/902	1/1368	1/1092
6层	1/840	1/1298	1/1003
7层	1/788	1/1192	1/980
8层	1/547	1/1056	1/865
9层	1/531	1/986	1/834
10层	1/447	1/923	1/756
11层	1/504	1/893	1/813
12层	1/457	1/845	1/698
13层	1/415	1/823	1/673

人工波作用下小雁塔结构各层层间位移角比值　　表 6-5

层数	原型结构	性能增强结构	
		方案一	方案二
1层	1/1107	1/1523	1/1492
2层	1/1142	1/1468	1/1363
3层	1/1067	1/1326	1/1249
4层	1/975	1/1287	1/1148
5层	1/929	1/1234	1/1113
6层	1/790	1/1187	1/1089
7层	1/632	1/1135	1/1065
8层	1/553	1/1076	1/956
9层	1/542	1/1012	1/924
10层	1/451	1/986	1/876
11层	1/443	1/923	1/834
12层	1/362	1/856	1/789
13层	1/328	1/821	1/767

由图 6-4～图 6-6 及表 6-2 可知，在 8 度大震作用下，小雁塔性能增强结构塔顶最大位移、层间位移角均有不同程度的减小，在不同的地震动记录激励下，减小幅度也各不相同。浸入改性环氧树脂和甲基丙烯酸甲酯性能增强结构在 El-Centro 波、Taft 波、人工波激励下最大位移响应最大降幅分别为 42.1%、27.9%，平均降幅分别为 32.7%、22.3%。同时，根据三种地震波激励下的层间位移角结果，改性环氧树脂和甲基丙烯酸甲酯性能增

强结构各层层间位移角减小，降低了地震作用下出现严重损坏或倒塌的可能性。

2）小雁塔结构加速度响应分析

由图 6-7～图 6-9 和表 6-6 可知，在 8 度大震作用下，塔顶最大加速度均得到了不同程度的减小，且不同的地震动记录激励下，减少幅度也各不相同。在 El-Centro 波、Taft 波、人工波作用下，浸入改性环氧树脂性能增强结构塔顶加速度响应降幅为 38%、27%、29%，浸入甲基丙烯酸甲酯性能增强结构塔顶加速度响应降幅 32%、19%、25%。根据分析结果，浸入两种性能增强材料小雁塔原结构降低了结构加速度响应，改性环氧树脂对结构加速度响应改善效果较好。

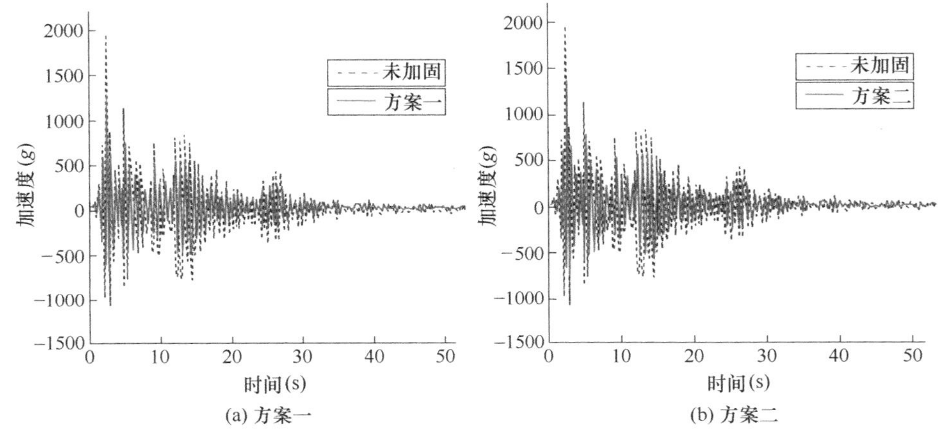

(a) 方案一　(b) 方案二

图 6-7　El-Centro 波作用下塔顶加速度时程对比图

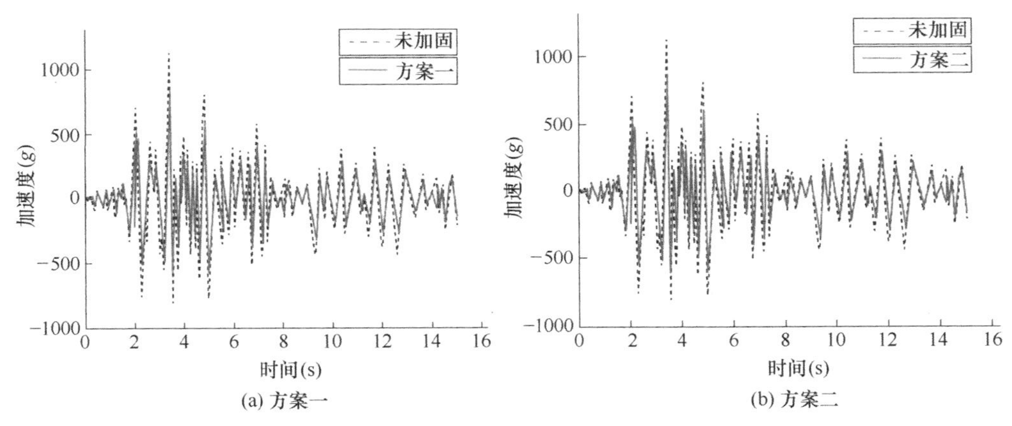

(a) 方案一　(b) 方案二

图 6-8　Taft 波作用下塔顶加速度时程对比图

地震作用下小雁塔原型结构塔顶加速度峰值（g）　表 6-6

地震波	原型结构	性能增强结构		变化规律	
		方案一	方案二	方案一	方案二
El-Centro 波	1891	1174	1287	38%	32%
Taft 波	1113	814	902	27%	19%
人工波	1281	907	957	29%	25%

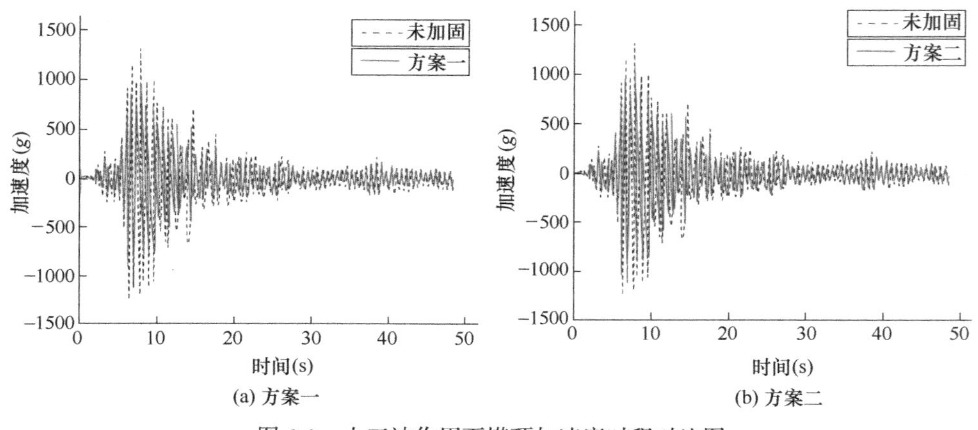

(a) 方案一　(b) 方案二

图 6-9　人工波作用下塔顶加速度时程对比图

6.3.3　砖石古塔结构性能增强方法建议

由于古塔结构具有特殊的历史和文化意义，因此，它的抗震修复保护必须综合考虑多方面的因素，根据本书提出的无损修复性能增强材料修复方法，特提出以下古塔结构工程修复建议，同时也为具有类似形式的古塔结构的减震设计提供参考。充分研究古塔现存的材料组成、结构形式、动力特性等重要的结构信息，分析其薄弱环节，进行系统的抗震性能评估；同时确定在抗震修复保护过程可以利用的结构部位、构件等位置信息。

6.4　本章小结

为更好地研究性能增强材料在砖石古塔结构中的保护作用，本章利用有限元软件 ANSYS 建立小雁塔结构原型模型，并进行了模拟分析，可以得到以下结论：

（1）通过有限元软件 ANSYS 建立的小雁塔有限元模型结构，与振动台试验结果对比，研究了古塔模型结构在 8 度大震下的地震响应，结果表明模拟分析结果与试验结果吻合较好，说明利用文中方法建立整体式有限元模型能够较好地反映试验的真实情况。

（2）将书中采用的有限元建模方法应用到古塔原型结构中，采用改性环氧树脂和甲基丙烯酸甲酯对小雁塔原型结构进行性能增强保护，并进行了结构的动力特性计算和 8 度大震下的模拟分析。结果表明，小雁塔原型结构性能增强保护后，各阶频率均有所提高，原型结构的整体性得到了提高，增强了小雁塔原结构的抗震性能。经对比计算结果，采用改性环氧树脂进行性能增强保护效果较明显，其中塔身顶部最大位移响应减小了 38%，能够明显降低结构的地震响应。

（3）采用有限元计算方法，模拟分析了“浸渗法”性能增强小雁塔原型结构的效果，为砖石结构古建性能增强保护提供了参考。

第7章　结论与展望

7.1　主要工作与结论

本书以国家保护文物小雁塔的保护为研究对象，通过试验研究、现场调查、理论分析和数值模拟等工作，研究了砖石古塔结构采用无损性能增强技术保护后的材料性能、结构特性、地震响应等，得到了以下主要结论：

（1）经过对古糯米灰浆、古麻刀灰浆和古混合灰浆为基材制作古灰浆立方体和棱柱体试块，分别浸入改性环氧树脂、甲基丙烯酸甲酯和甲基硅酸钠后，性能增强古灰浆立方体抗压强度和棱柱体峰值应力、峰值应变、极限应变、弹性模量等均有明显改善，其中立方体抗压强度提高了18.8%～60.0%，棱柱体峰值应力提高了17.5%～40.7%，并且浸入改性环氧树脂和甲基丙烯酸甲酯提高的较为明显。

（2）基于对古灰浆和性能增强古灰浆的试验和分析，选取古青砖和古糯米灰浆为基材，制作了古砌体轴心受压试件受剪试件，经“浸渗法”对基材试件进行无损性能增强后，古砌体基材试件抗压强度和抗剪强度明显提高，提高值为6.0%～40.5%。分析试验结果，采用改性环氧树脂性能增强砌体试件抗压强度、弹性模量两项指标提升较多，砌体试件的整体性提高，刚度有一定程度的增加。

（3）根据模拟古砌体墙体试件和性能增强墙体试件的低周反复拟静力试验，对于三种不同厚度的墙体试件，性能增强墙体试件比古砌体墙体试件的开裂荷载、破坏荷载、耗能能力等均有不同程度的提高，变形能力得到了较明显的改善，抗侧移刚度也有一定的提高，说明浸入性能增强材料可明显提高古砌体墙体的抗震性能，可用于砖石古塔结构的无损性能增强和抗震保护中。

（4）综合考虑小雁塔的文物价值和保护意义，详细查阅了小雁塔的历史修缮档案，现场对小雁塔结构目前的现状进行了全面分析，研究了小雁塔结构的材料组成、历史修复的结构特点以及目前的损伤情况等。采用极限位移和极限承载力综合评定法，对目前小雁塔结构的抗震性能进行了评判。结果表明，小雁塔结构底部和中部混凝土楼板处存在应力集中现象，8度中震下塔体各层券洞处劈裂，并将形成较大的贯通裂缝，8度大震下小雁塔结构上部位移较大，存在坍塌的危险，故应尽早进行性能增强保护处理，防止在强震中发生毁灭性破坏。

（5）以小雁塔为典型研究对象，制作1∶10实体模型，分别选用El-Centro波、汶川波和1条人工波进行模拟振动台试验，并采用“浸渗法”对模型结构浸入改性环氧树脂并进行局部结构修复，对基材模型和无损性能增强模型进行了26种工况下模拟地震振动台试验。结果表明，性能增强模型结构在地震下的塔身各点位移响应有了明显的降低，特别是塔身中部、顶部位移响应降低较多，一般可达20%左右。模型结构的频率增高，刚度变大，同时又由于材料自身性能增强，可以耗散更多的地震能量，减小了其地震过程中产生的损伤。

(6) 根据模型振动台试验结果，基材模型与性能增强模型结构阻尼比变化趋势一致，小震后结构阻尼比基本无变化，中震、大震条件下结构的阻尼比显著增加。地震中修复前的小雁塔阻尼比增幅较大，结构损伤积累较大，结构整体刚度下降较快，而塔身破坏发展较为迅速；采用无损修复性能增强材料进行修复的小雁塔结构，结构阻尼比增速降低，减小了塔身损伤积累，整体结构的损伤较小。

(7) 以小雁塔原型结构资料为基础，采用ANSYS有限元软件建立了小雁塔原型结构的仿真计算模型，在8度大震下进行了多工况下小雁塔原型结构计算，分析了基材结构和采用"浸渗法"分别浸入改性环氧树脂、甲基丙烯酸甲酯材料性能增强结构在8度大震下的抗震性能。结果表明，小雁塔原型结构性能增强保护后，各阶频率均有所提高，原型结构的整体性得到了提高，增强了小雁塔原结构的抗震性能。经对比计算结果，采用改性环氧树脂进行性能增强保护效果较明显，其中塔身顶部最大位移响应减小了38%，能够明显降低结构的地震响应。

综上所述，根据现场实测资料、理论分析和试验结果，本书提出了一种适用于砖石古塔结构性能增强保护的新方法，该方法可有效的提高砖石结构性能，以达到降低结构地震响应等效果，具有较好的工程应用前景。

7.2 不足与展望

砖石古塔是我国古代高层建筑的杰出代表，融合了中外文化及传统建筑艺术的精华。由于其高耸结构特点，加之多年的风雨侵蚀，结构整体抗震性能较差。一旦在受荷作用下发生破坏和倒塌，必将造成不可弥补的损失，对砖石古塔的抗震保护刻不容缓。砖石古塔结构的保护涉及文物、历史、考古、地震工程及材料等诸多学科的交叉配合，较为复杂。书中虽进行了一些研究，仍存在以下问题需进一步探讨：

(1) 由于古塔结构建造年代久远，历史环境因素多变，从而使得古塔的建造材料和结构等均较复杂，因此应研究针对不同受力和变形特点的古塔结构抗震保护技术和工程应用方法。

(2) 针对历史建筑"最小干预"保护特点，研发微型毛细注浆系统对砌筑灰浆进行"微创性能增强保护"。

(3) 历史建筑材料和结构性能的耐久性评价、材料和结构的相似性理论和实现方法、模型试验技术、微损伤修复和性能增强方法、历史建筑合理运营管理等问题也是需要进行深入研究的重要课题。

参考文献

[1] 罗哲文. 中国古塔 [M]. 北京：北京人民出版社，2020.

[2] 傅熹年. 中国古代建筑史，2 [M]. 北京：中国建筑工业出版社，2001.

[3] 魏俊亚. 古塔建筑的抗震保护研究 [D]. 西安：西安建筑科技大学，2005.

[4] 广州大学工程抗震中心. 怀圣寺光塔抗震性能研究报告，2005 [R].

[5] 陈平，姚谦峰，赵冬. 西安大雁塔抗震能力研究 [J]. 建筑结构学报，1999（1）：46-49.

[6] Billah A M，Shahria alam M. Plastic hinge length of shape memory alloy（SMA）reinforced concrete bridge pier [J]. Engineering Structures，2016，117：321-331.

[7] 卢俊龙. 砖石古塔土-结构相互作用理论与应用研究 [D]. 西安：西安建筑科技大学，2008.

[8] 黄娜. 赣南古塔建筑文化艺术探析 [D]. 赣州：赣南师范学院，2014.

[9] 赵祥. 应用形状记忆合金进行古塔结构抗震保护的理论和试验 [D]. 西安：西安建筑科技大学，2008.

[10] 王雪芹. 浅析中国古塔建筑艺术 [J]. 大众文艺，2010，No.258（24）：234-235.

[11] 王凤华. 基于形状记忆合金的古塔抗震保护与优化应用研究 [D]. 西安：西安建筑科技大学，2012.

[12] 白晨曦. 中轴溯往——从北京旧城中轴线看古代城市规划思想的影响 [J]. 北京规划建设，2002（3）：22-26.

[13] 张墨青. 巴风蜀韵、独树一帜——浅谈巴蜀地区古塔建筑特色 [J]. 四川建筑，2012（3）：74-75+78.

[14] 戴孝军. 模糊美、曲线美、和谐美——中国传统建筑的艺术美 [J]. 阜阳师范学院学报（社会科学版），2009（5）：132-134.

[15] 杨涛. 基于SMA-SPDS的小雁塔结构减震控制研究 [D]. 西安：西安建筑科技大学，2016.

[16] 王华. 西安小雁塔地基与基础结构的研究 [D]. 西安：西安建筑科技大学，2008.

[17] 郑晓蒙. 古塔结构抗震控制设计理论和方法研究 [D]. 西安：西安建筑科技大学，2012.

[18] 刘天婵. 基础刚度对砖石结构古塔受力机理影响研究 [D]. 西安：西安建筑科技大学，2014.

[19] Motahari S A，Ghassemieh M，Abolmaali S A. Implementation of shape memory alloy dampers for passive control of structures subjected to seismic excitations [J]. Journal of Constructional Steel Research，2007，63（12）：1157-1570.

[20] Martínez-rodrigo M D，Filiatrault A. A case study on the application of passive control and seismic isolation techniques to cable-stayed bridges：A comparative investigation through non-linear dynamic analyses [J]. Engineering Structures，2015，99：232-252.

[21] Sepúlveda J，Boroschek R，Herrera R，et al. Steel beam-column connection using copper-based shape memory alloy dampers [J]. Journal of Constructional Steel Research，2008，64（4）：429-435.

[22] Ma H，Yam M H. Modelling of a self-centring damper and its application in structural control [J]. Journal of Constructional Steel Research，2011，67（4）：656-666.

[23] 范冠先. 考虑上部结构与地基共同作用泰塔稳定性分析及纠偏技术研究 [D]. 西安建筑科技大学，2017.

[24] Thanasis c triantafillou M F. Strengthening of historic Masonry structures with composite materials [J]. Materials and Structures，1997，308.

[25] Uranjek M, Bosiljkov V, Ržarnič, et al. Based grouts for strengthening of historical Masonry buildings in Slovenia [J]. Historic Mortars, 2012, 393-409.
[26] 彭斌，刘卫东，杨伟波. 在役历史建筑砌体承重墙抗震性能试验研究 [J]. 工程力学，2009，12：112-118+126.
[27] 李保今. 阿炳故居砖砌体注浆绑结加固技术 [J]. 建筑结构，2007，37 (7)，54-56.
[28] 贾静怡，张翰声. 防渗堵漏补强加固材料及施工技术研讨会论文集 [C]. 北京：中国水利水电出版社，1998，85-88.
[29] 盛发和，徐峰，廖绍锋. 砖石结构古建筑渗浆加固的研究报告 [J]. 敦煌研究，2000 (1)：158-168.
[30] 石建光，邓华，叶志明. 注浆加固砌体结构的试验研究 [C] //第六届全国防震减灾工程学术研讨会暨第二届海峡两岸地震工程青年学者研讨会论文集，2012.
[31] 陈平，姚谦峰，赵冬. 西安大雁塔抗震能力研究 [J]. 建筑结构学报，1999 (1)：46-49.
[32] 李丽娟，施明诚，梅占馨. 大雁塔地震可靠性分析 [J]. 应用力学学报，1994，11 (2)：86-91.
[33] 林建生. 历史大震与泉州古建筑塔寺桥类的结构抗震 [J]. 世界地震工程，2005，(2)：159-166.
[34] 李德虎，何江. 砖石古塔动力特性的试验研究 [J]. 工程抗震，1990 (3)：34-36.
[35] JGJ/T 70—2009. 建筑砂浆基本性能试验方法标准 [S]. 北京：中国建筑工业出版社，2009.
[36] GB/T 50129—2011. 砌体基本力学性能试验方法标准 [S]. 北京：中国建筑工业出版社，2011.
[37] 王华，白静静. 西安小雁塔抗震性能研究分析 [J]. 科技风，2010，No. 155 (17)：125+127.
[38] 卢俊龙，张荫，田洁. 兴教寺玄奘塔抗震性能评估与加固 [J]. 建筑结构，2012，v. 42；No. 348 (12)：98-101.
[39] 李小珠，高大峰，吴健康. 小雁塔的抗震性能评估 [J]. 水利与建筑工程学报，2009，v. 7；No. 26 (2)：33-35+38.
[40] 沈远戈. 小雁塔抗震性能分析及地基构造研究 [D]. 西安：西安建筑科技大学，2010.
[41] 袁林. 小雁塔往事 [J]. 金秋，2007，185 (11)：34-35.
[42] 张文明. 砖石古塔的抗震性能评估及地震破坏机理研究 [D]. 西安：西安建筑科技大学，2008.
[43] 潘毅，王超，季晨龙，等. 汶川地震中砖石结构古塔的震害调查与分析 [J]. 四川建筑科学研究，2012 (6)：156-159.
[44] 郑天天. 砖石古塔抗震性能分析及加固方案探讨 [D]. 西安：西安建筑科技大学，2010.
[45] 杨富巍. 无机胶凝材料在不可移动文物保护中的应用 [D]. 杭州，浙江大学，2011.
[46] Pierino Lestuzzi Youssef Belmouden Martin Trueb. Non-linear seismic behavior of structures with limited hysteretic energy dissipation capacity [J]. Bullearthquakeeng, 2007, 5 (4): 549-569.
[47] Soroushian S, Maragakis E, Arash E Z, et al. Response of a 2-story test-bed structure for the seismic evaluation of nonstructural systems [J]. Earthquake Engineering and Engineering Vibration, 2016 (01): 19-29.
[48] Fur L S, Henry Y Y, Ankireddi S. Vibration control of tall buildings under seismic and wind loads [J]. Journal of Engineering Mechanics, 1996, 122 (8): 948-957.
[49] Brown A S, Ankireddi S, Henry Y Y. Actuator and sensor placement for multi-objective control [J]. Journal of Engineering Mechanics, 1999, 125 (7): 757-765.
[50] 蓝燕飞. 功能化石墨烯增强聚酰亚胺纳米复合材料的制备及性能研究 [D]. 抚州：东华理工大学，2016.
[51] 杨雨佳. 晶须材料增强油井水泥石力学性能及机理研究 [D]. 成都：西南石油大学，2016.
[52] 施永乾. 石墨状氮化碳杂化物的制备及其聚苯乙烯复合材料的燃烧性能与阻燃机理研究 [D]. 合肥：中国科学技术大学，2016.

[53] 杨刚，姜勇刚，冯坚，等. 气凝胶材料力学性能增强方法研究进展 [J]. 材料导报，2016 (S1)：270-273.

[54] 李玉杰. 聚亚苯基砜/聚苯醚共混物及其玻纤增强材料的制备与性能研究 [D]. 长春：吉林大学，2016.

[55] 董景隆. 改性酚醛树脂/碳纤维复合材料的研究 [D]. 长春：长春工业大学，2016.

[56] 严晨峰. 纤维素纳米球增强聚乳酸纳米复合材料的构筑及性能研究 [D]. 杭州：浙江理工大学，2016.

[57] 吴波伟. 低弹纬编增强材料拉伸性能影响因素的研究 [D]. 天津：天津工业大学，2016.

[58] 陈伟科. 高强度超拉伸水凝胶的制备 [D]. 广州：华南理工大学，2015.

[59] 邵再东，张颖，程璇. 新型力学性能增强二氧化硅气凝胶块体隔热材料 [J]. 化学进展，2014 (8)：1329-1338.

[60] 俞捷. 多元醇降解废弃聚酯并制备固化剂的研究 [D]. 无锡，江南大学，2012.

[61] 和玲. 含氟聚合物及其对文物的保护研究 [D]. 西安，西北工业大学，2002.

[62] 肖九梅. 探析丙烯酸树脂化工材料的应用与发展 [J]. 乙醛醋酸化工，2015 (3)：26-32.

[63] 陈达. 碳纳米管/聚乙烯复合材料的力学性能研究 [D]. 广州：华南理工大学，2014.

[64] 吴义强，秦志永，李新功，等. 纳米 $CaCO_3$ 对木纤维增强生物可降解复合材料力学性能的影响 [J]. 林产工业，2012 (2)：19-22.

[65] 谢容浩. 有机硅材料的发展与应用 [J]. 广东建材，2007，No. 200 (11)：220-221.

[66] 张秉坚，魏国锋，杨富巍，王旭东. 不可移动文物保护材料研究中的问题和发展趋势 [J]. 文物保护与考古科学，2010，22 (4)：102-106.

[67] 张慧，李玉虎，万俐，范陶峰. 土遗址防风化加固材料的研制及加固性能比较研究 [J]. 东南文化，2008 (2).

[68] 柴新军，钱七虎，杨泽平，林重德，松永和也. 点滴化学注浆技术加固土遗址工程实例 [J]. 岩土力学与工程学报，2009 (S1).

[69] 徐洪耀，贾勇，冯燕. 聚合物/POSS纳米复合材料热性能增强机理研究进展 [J]. 高分子材料科学与工程，2008 (12)：15-19.

[70] 焦珑，康卫民，程博闻. 碳纳米管修饰碳纤维增强树脂基复合材料力学性能研究进展 [J]. 材料导报，2013 (23)：88-92.

[71] 陈辉，吴其胜. 硫酸钙晶须增强树脂基复合摩擦材料摩擦磨损性能的研究 [J]. 化工新型材料，2012 (8)：111-112+147.

[72] 陈小随，张胜，许国志，等. 磷酸酯偶联剂改性芳纶纤维增强聚丙烯复合材料的性能研究 [J]. 塑料科技，2011 (4)：64-68.

[73] 解英，吴宏武. 表面处理方法对植物纤维增强高分子基复合材料性能的影响评述 [J]. 化工进展，2010 (7)：1256-1262.

[74] 高蕴，王勇攀，孙芳，等. 不同增强材料 PVC 复合材料隔声性能研究 [J]. 浙江理工大学学报，2008 (1)：1-5+33.

[75] 杨刚，姜勇刚，冯坚，等. 气凝胶材料力学性能增强方法研究进展 [J]. 材料导报，2016 (S1)：270-273.

[76] 陈伟科. 高强度超拉伸水凝胶的制备 [D]. 广州：华南理工大学，2015.

[77] 邵再东，张颖，程璇. 新型力学性能增强二氧化硅气凝胶块体隔热材料 [J]. 化学进展，2014 (8)：1329-1338.

[78] GB 50003—2011. 砌体结构设计规范 [S]. 北京：中国建筑工业出版社，2009.

[79] 张楠. 历史建筑砌体结构性能增强模型试验及分析 [D]. 西安，西安建筑科技大学，2016.

[80] 董广萍，杨卫忠，樊濬. 砌体本构关系的研究新进展 [J]. 河南科学，2016 (1)：50-5.
[81] 李桂臣. 地震作用下考虑轴向约束效应的 RC 梁抗弯性能试验研究 [D]. 重庆：重庆科技学院，2018.
[82] 李佳敏. 可换钢桁架—屈曲约束钢构件组合连梁抗震性能研究 [D]. 长沙，湖南大学，2018.
[83] 陈平. 小雁塔抗震能力分析 [J]. 中国文物科学研究，2011，No. 24 (4)：62-66.
[84] 彭向和，陈斌，王军，等. 计及重取向与塑性变形的 SMA 本构模型 [C] //塑性力学新进展——2011 年全国塑性力学会议论文集，{卷期号}. 中国北京，2011：8.
[85] 赵巍. 氧化铝工业用新型气化型煤复合粘结剂及工艺的研究 [D]. 武汉：华中科技大学，2013.
[86] 杜园芳，王社良，赵勤，等. 性能增强再生混凝土框架结构振动台试验研究 [J]. 工业建筑，2013 (11)：30-33+44.
[87] 庄晓伟. 碱木质素改性以及原竹纤维增强酚醛泡沫材料制备与性能研究 [D]. 北京：中国林业科学研究院，2013.
[88] 陈旭清. 连续碳纤维增强聚苯硫醚层压复合材料制备及性能研究 [D]. 上海：华东理工大学，2013.
[89] 姜爱菊. 剑麻纤维增强聚乳酸复合材料的制备及性能研究 [D]. 广州：华南理工大学，2012.
[90] 洪钧. 天然纤维增强复合材料的制备及性能研究 [D]. 芜湖：安徽工程大学，2012.
[91] 孙胜伟. 纤维增强木塑材料及其在木塑模板面层中的应用性能研究 [D]. 青岛：青岛理工大学，2012.
[92] JC/T 796—2013. 回弹仪评定烧结普通砖强度等级的方法 [S]. 北京：中国建筑工业出版社，2013.
[93] JGJ/T 136—2001. 贯入法检测砌筑砂浆抗压强度技术规程 [S]. 北京：中国建筑工业出版社，2001.
[94] GB 50003—2011. 砌体结构设计规范 [S]. 北京：中国建筑工业出版社，2011.
[95] 背户一登. 结构振动控制 [M]. 北京：机械工业出版社，2011.
[96] Nguyen Trong T A. A RBF neural network sliding mode controller for SMA actuator [J]. International Journal of Control，Automation，and，2010，8 (6)：1296-1305.
[97] Lap-loi C，Hsu-hui H，Chung-hsin C，et al. Optimal design theories of tuned mass dampers with nonlinear viscous damping [J]. Earthquake Engineering and Engineering Vibration，2009 (4)：547-560.
[98] Ok Junho SongKwan-Soon Park Seung-Yong. Optimal performance design of bi-Tuned Mass Damper systems using multi-objective optimization [J]. KSCE Journal of Civil Engineering，2008，12 (5)：313-322.
[99] Marano G C. Reliability based multiobjective optimization for design of structures subject to random vibrations [J]. Journal of Zhejiang University (Science a：an Intern，2008 (1)：15-25.
[100] Soong T T，Dargush G F. Passive energy dissipation systems in structural engineering [M]. New YORK：JOHN Wiley&Sons，1997.
[101] 张俊平. 结构振动控制的两个理论问题 [J]. 地震工程与工程振动，2000，20 (1)：125-129.
[102] GB/T 50129—2011. 砌体基本力学性能实验方法标准 [S]. 北京：中国建筑工业出版社，2011.
[103] 姜彧. 古建筑瓦石工程施工细节详解 [M]. 北京：化学工业出版社，2014.
[104] JGJ/T 101—2015. 建筑抗震实验规程 [S]. 北京：北京建筑工业出版社，2015.
[105] GB 50011—2010. 建筑抗震设计规范 [S]. 北京：中国建筑工业出版社，2010.
[106] 张韧坚. 千年抗震之谜 小雁塔原是“不倒翁” [J]. 武汉建设，2006，No. 34 (4)：47.
[107] 蒋靖. 小雁塔 [J]. 文物，1979 (3)：88.

[108] 呼梦洁. 震损砖石古塔灌浆围箍加固的抗震性能试验研究 [D]. 扬州大学，2013.

[109] 谢献忠. 结构动力学系统时域辨识理论与试验研究 [D]. 长沙：湖南大学，2005.

[110] 胡松. 结构动力学在隔震减震技术中的应用 [J]. 中国西部科技，2010，v.9；No.221 (24)：26-27.

[111] 王新建，高永辉. 摩擦滑移隔震结构的能量分析 [J]. 山西建筑，2010，v.36 (29)：65-66.

[112] 刘旺. 建筑结构中结构动力学的防震减震应用分析 [J]. 现代商贸工业，2011，v.23 (22)：312.

[113] 陆新征，江见鲸. 利用 ANSYS Solid 65 单元分析复杂应力条件下的混凝土结构 [J]. 建筑结构，33 (6)：22-24.

[114] 齐虎. 结构三维非线性分析软件 Opensees 的研究及应用 [D]. 哈尔滨：中国地震局工程力学研究所，2007.

[115] 陈磊. 基于 ANSYS 的钢筋混凝土框架试验及有限元分析 [J]. 西安：西安理工大学，2004.

[116] 叶继红，陈月明，沈世钊. 网壳结构 TMD 减震系统的优化设计 [J]. 振动工程学报，2000 (3)：56-64.

[117] 熊仲明，孟浩，王丽珍. 黏滞耗能减震结构能量反应分析的基础研究 [J]. 建筑结构学报，2008，v.29 (S1)：120-124.

[118] 熊仲明，张萍萍，韦俊，等. 滑移隔震结构基于能量分析的简化计算方法研究 [J]. 西安建筑科技大学学报（自然科学版），2012，v.44；No.184 (3)：305-309+33.

[119] 熊仲明，张萍萍，韦俊，等. 滑移隔震结构基于能量分析的简化计算方法研究 [J]. 西安建筑科技大学学报（自然科学版），2012，44 (3)：305-309.

[120] Diaswilson C M，Abdullah M M. Structural vibration reduction using self-tuning fuzzy control of magnetorheological dampers [J]. Bulletin of Earthquake Engineering，2010 (8)：1037-1054.

[121] 熊仲明，史庆轩，王社良. 结构能量分析非线性地震反应的理论研究 [J]. 西安建筑科技大学学报（自然科学版），2005 (2)：204-209.

[122] 王会丽. 节能砌块隐形密框结构非线性地震反应分析及抗震设计方法研究 [D]. 泉州：华侨大学，2009.

[123] 曲哲，叶列平. 计算结构非线性地震峰值响应的等价线性化模型 [J]. 工程力学，2011 (10)：93-100.

[124] 宁超列. 基于纤维铰模型的框架结构非线性地震反应分析 [D]. 哈尔滨：哈尔滨工业大学，2008.

[125] 赵羽习，金伟良. 钢筋与混凝土粘结本构关系的试验研究 [J]. 建筑结构学报，2002 (1)：32-37.

[126] 刘佩玺，徐永清，刘福胜. 钢筋混凝土结构粘结滑移分析在 ANSYS 中的实现 [J]. 山东农业大学学报（自然科学版），2007 (1)：125-130.

[127] 刘云平，包华，洪俊青，等. ANSYS 的接触分析在钢筋混凝土滑移中的应用 [J]. 南通大学学报（自然科学版），2009 (2)：70-73，90.

[128] 张亚敏. 基于 ANSYS 二次开发的钢筋混凝土粘结滑移本构模型研究 [D]. 西安建筑科技大学，2017.